THROUGH TWO DOORS AT ONCE

The Elegant Experiment That Captures the Enigma of Our Quantum Reality

双缝实验 和 量子力学

[印] 阿尼尔·阿南塔斯瓦米 著
ANIL ANANTHASWAMY

祝锦杰 译

中信出版集团 | 北京

图书在版编目（CIP）数据

双缝实验和量子力学 /（印）阿尼尔·阿南塔斯瓦米
著；祝锦杰译. -- 北京：中信出版社，2024.6
书名原文：Through Two Doors at Once: The
Elegant Experiment That Captures the Enigma of Our
Quantum Reality
ISBN 978–7–5217–6508–3

I. ①双⋯ II. ①阿⋯ ②祝⋯ III. ①光学－实验 ②
量子力学 IV. ① O43–33 ② O413.1

中国国家版本馆 CIP 数据核字（2024）第 075730 号

双缝实验和量子力学
著者： ［印］阿尼尔·阿南塔斯瓦米
译者： 祝锦杰
出版发行：中信出版集团股份有限公司
（北京市朝阳区东三环北路 27 号嘉铭中心 邮编 100020）
承印者： 三河市中晟雅豪印务有限公司

开本：880mm×1230mm 1/32 印张：8.25 字数：203 千字
版次：2024 年 6 月第 1 版 印次：2024 年 6 月第 1 次印刷
京权图字：01–2024–0687 书号：ISBN 978–7–5217–6508–3
定价：65.00 元

版权所有·侵权必究
如有印刷、装订问题，本公司负责调换。
服务热线：400–600–8099
投稿邮箱：author@citicpub.com

献给我的父母

在此，请允许我向实验者们表达深深的敬意，为他们以及他们从顽固的大自然手中获取的关键事实而付出的努力……对于我们的理论,（这些事实）给出的否定非常清晰，肯定却如此难以辨认。[1]

——赫尔曼·外尔（1885—1955），德国数学家

目　录

大自然对我们的嘲弄

在我见过的所有物理学家的办公室里，这肯定是最简约的一间。一张小桌子旁边是一把椅子，桌上什么也没有。没有书，没有论文，没有台灯，没有电脑，什么也没有。唯一称得上装饰性的东西只有一张沙发。巨大的窗户俯瞰着一汪小湖，湖边的树都是光秃秃的，只有个别落叶晚的树上还有一些秋叶，执着地拒绝加拿大安大略省的寒冬的来临。卢西恩·哈迪（Lucien Hardy）把笔记本电脑往桌上一放，他说自己大部分的研究工作都是在咖啡厅完成的，所以他的办公室只需要一张咖啡厅那样的桌子，能搁下笔记本电脑就行。

黑板当然是必不可少的，哈迪办公室里的这块黑板几乎占了一整面墙。他开始在上面写写画画，没过多久，黑板上就满是图形和公式——绝大多数我认识的量子物理学家都喜欢这样做。

我们刚开始讨论的话题是深奥的量子力学，结果哈迪停下来，说："我选错了切入点。"为了重启我们的讨论，他说："假设你有一家制造炸弹的工厂。"他的话勾起了我的兴趣。

他在黑板上写了两个名字：伊利泽和韦德曼。他要讲的正是"伊利泽–韦德曼炸弹问题"。这个问题由两位以色列物理学家的姓氏命名，它的目的是让不搞物理学研究的人也能理解量子世界的反直觉本质。即使是对物理学家来说，量子世界的性质也很令人困惑。

炸弹问题的内容如下。假设有一家生产炸弹的工厂，它给炸弹装配的触发装置十分灵敏，以至于一个粒子（无论什么粒子，哪怕是一个光子）都能引爆炸弹。但这家工厂碰到了一个难题：该厂的组装线不过关，所以带触发装置的合格炸弹里混着大量不带触发装置的次品炸弹。哈迪将这两种炸弹分别标记为"好炸弹"和"坏炸弹"，然后开玩笑说："显然，如果你的道德标准异于常人，好和坏也可以互换。"

我们的任务是设法识别哪些炸弹是合格的。这意味着我们必须检查炸弹是否安装了触发装置。但逐个检查炸弹的方法是不可行的，因为要查看触发装置就需要光，而无论是多么微弱的光，都会导致合格的炸弹爆炸。检查到最后，我们就只剩下一堆没有触发装置的哑弹了。

那么，这个问题究竟要如何解决呢？我们不妨做一个让步：允许引爆一部分炸弹，前提是最后可以剩下一些能用的好炸弹。

从我们对于世界是如何运作的日常经验来看，这个问题是无解的。但量子世界（微观事物，比如分子、原子、电子、质子和光子所在的世界）本来就很奇特。研究微观世界里的物理现象的物理学科被称为量子物理学或量子力学。而我们可以利用量子物理学，在不引爆好炸弹的情况下把它们找出来。只需一套简单的装置，就能保全大约一半的好炸弹。我们要用到的是一个已经有 200 年历史的物理实验以及它的现代改良版本。

这个实验被称为双缝实验，在 19 世纪初被提出，最初的目的是挑战牛顿对于光的本质的看法。20 世纪初，量子物理学的两位奠基人——阿尔伯特·爱因斯坦和尼尔斯·玻尔——为双缝实验究竟揭示了现实的何种本质而争得不可开交，两人的争论让这个实验再次成为焦点。20世纪60年代，理查德·费曼对双缝实验大加赞赏，称它包括了量子世界的全部奥秘。很难找到一个比它更简单同时又更精巧的实验：双缝实验的原理连高中生都能理解，但它的内涵却深邃无比，连爱因斯坦和玻尔都没能参透，这个实验引起的困惑直到今天都没有得到解答。

本书将通过一个经典实验以及这个经典实验巧妙而复杂的改良版本（该版本解决了伊利泽–韦德曼炸弹问题，后文会详细介绍），讲述量子力学的故事。无论是智慧的头脑想出的思想实验，还是在物理系地下室通过艰苦努力完成的实验项目，所有这些实验都是双缝实验的变体。这是一个关于大自然如何嘲弄我们的故事：有本事就来抓我啊。

第 1 章

回顾双孔实验

理查德·费曼对中心谜题的解释

世界上再没有比现实更离奇和抽象的东西了。[2]

——乔治·莫兰迪

　　这一天距离理查德·费曼获得诺贝尔物理学奖还有一年的时间。费曼出版过一本好玩的自传，他在书里形容自己是个心直口快的科学家，对一切都很感兴趣，无论是破解保险箱还是打鼓。这本自传让许多非物理学背景的人认识了费曼其人，但那已经是 20 多年后的事了。而在 1964 年 11 月，对纽约州伊萨卡市康奈尔大学的学生们来说，眼前的费曼早已是个响当当的明星，他们对他的到来表示了热烈的欢迎。[3]费曼此行的目的是举办一系列讲座。康奈尔编钟奏响了校歌《远在卡尤加湖之上》，教务长在介绍费曼时称他是一位卓越的导师和物理学家，当然，他也没忘记提费曼是个出色的邦戈鼓手。在一种欢迎表演艺术家的掌声中，费曼大步走上台，以下面这个回应作为演讲的开场："真奇怪，我偶尔也会在正式场合被叫到台上表演邦戈鼓，可是主持人似乎从来不觉得有必要提一下其实我还搞理论物理研究。"[4]

　　等到了第 6 场演讲，面对还在鼓掌的学生，费曼没有说任何开场白便直接切入了正题，甚至连一句客套的"大家好"都没有。他想要探讨的是，虽然直觉可以帮助我们应付看得到、听得到和摸得到的日常事物，但它却难以理解大自然在微观尺度上的表现。

他说，经常是实验挑战了我们对这个世界的直观认识。"于是，我们便看见了意想不到的东西，"费曼说，"这些东西与我们的想象差距巨大。所以我们的想象力被发挥到极致——这与写小说不同，不是幻想现实中不存在的事物，而是通过极致的想象，来认识和理解实际存在的东西。我想谈论的正是类似的情况。"[5]

这个讲座是关于量子力学的，也就是研究微观事物的物理学分支。量子力学尤其关注光和亚原子物质（如电子）的性质。换句话说，它要研究的正是现实的本质。光和电子会（像水一样）表现出波动性吗？还是说它们更像粒子（比如沙粒）？就目前看来，回答"是"或者"否"都是既正确又不正确的。任何试图将微观的亚原子实体具象化的努力，都只是我们的直觉在自取其辱。

"它们的行为遵循自己独特的方式，"费曼说，"用术语来讲，我们可以将其称为'量子力学'的方式。它们的行为与你见过的任何事物都不同。无论你有多少见识都是不够的——你的见识不完备。在极其微小的尺度上，事物的表现具有根本性的不同。它们的行为不只是像粒子，也不只是像波。"[6]

不过好在，至少光和电子的行为是"完全相同的"，费曼说，"那就是，二者都很古怪"。[7]

费曼提醒现场的听众，接下来的讲座内容会有些难懂，因为它将挑战听众在大自然如何运作这个问题上的长久共识："但其实，这种难是心理上的，是你施加给自己的永恒折磨，因为你总对自己说：'可它怎么能是那样的呢？'这种想法源于你控制不住自己想要用熟悉的事物来类比的冲动，但我认为这终究是徒劳的。我不会用任何熟悉的事物做类比，只是单纯地进行描述。"[8]

于是，为了能在接下来的一个小时里通过引人入胜的演讲表明自己的观点，费曼把重点放在了"一个旨在反映量子力学全部奥秘的实验"上，它"将让你直面大自然的自相矛盾、神秘莫测和稀奇古怪"。[9]

这个实验就是双缝实验。很难想象有哪个实验能比它更简单，而在读这本书的过程中，你会发现它虽然简单，却令人感到无比困惑。我们首先需要一个光源，然后在光源前放置一块不透光的板子，板子上开出两道狭窄且间距很小的缝隙或口子，这为光线的传播提供了两条不同的路径。在板子的另一边立一块屏幕，你觉得你能在这块屏幕上看到什么？

这个问题的答案——根据我们所熟悉的现实生活中的经验——取决于回答者如何看待光的本质。在 17 世纪末和整个 18 世纪，艾萨克·牛顿的观点主导了我们对于光的看法。他认为光由微小的粒子构成，并把这种微粒称为"光微粒"。牛顿之所以提出光的"微粒说"，部分是为了解释为何光不能像声音一样拐弯。牛顿认为，光肯定是由粒子构成的，因为只有这样，才能解释光线在没有外力作用的情况下不会弯曲的现象。

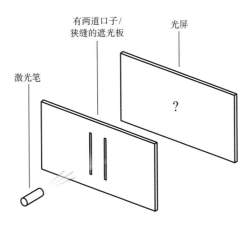

费曼在讲座中讲解双缝实验时，首先考虑了用粒子轰击双缝的情况。为了强调实验对象的粒子性，他让在场的人忘掉亚原子粒子（比如电子和光微粒），转而想象我们在开枪发射子弹——子弹总是"一颗一颗"的。为避免太多暴力的联想（序言里已经提过了炸弹，后面还有用到枪械火药的思想实验），我们不如想象有这样一种机器，它喷射的是沙粒，而不是子弹。我们都知道，虽然沙粒比子弹小得多，但它也是一颗一颗的。

　　第一步，我们只用左侧或者右侧的狭缝来做实验。假设沙粒的速度足够快，我们可以把它们的运动轨迹看成直线。经过这样的处理，绝大多数沙粒都会在穿过狭缝后，落到狭缝正后方一个与狭缝相对应的区域内。正中间的数量最多，越往两侧越少。在下图的曲线图中，曲线越高，代表落在该处的沙粒数量越多。

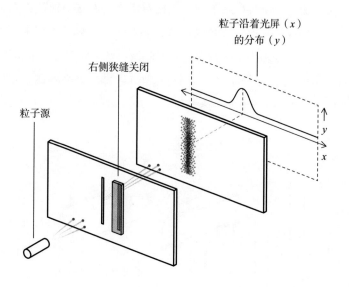

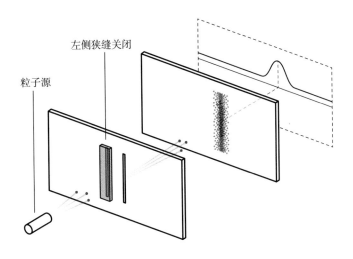

左侧狭缝关闭

粒子源

如果我们用两条狭缝来做实验，又会看到什么样的结果呢？正如很多人所预料的，每粒沙子都会从两条狭缝中的一条穿过，然后击中位于屏障另一侧的光屏。有多少沙粒穿过两条狭缝，就有多少沙粒击中后方的光屏。这种简单易懂的运动方式非常符合非量子世界，也就是牛顿运动定律所描绘的经典世界的日常经验。

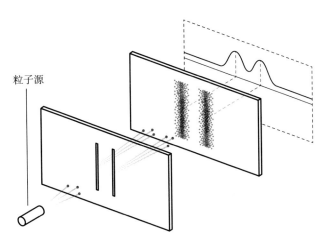

粒子源

为了向你证明实验结果的确如此，我们可以把整个实验装置竖起来，让沙子从上而下落在带有两条狭缝的屏障上。[10] 很容易想见，穿过狭缝的沙子应该会在开口的正下方形成两个小沙堆。

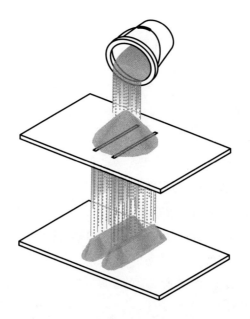

把实验装置恢复原位，想象这次入射的不是沙子，而是光线，并且假设光是由牛顿所说的光微粒构成的。根据沙粒实验的结果推断，我们应当能在光屏上看到两条光带，它们分别位于左右两条狭缝的正后方，每条光带都是中间最亮，越往两侧越暗，除此之外，我们只要把击中光屏的光微粒悉数相加，就能算出总共有多少光微粒穿过两条狭缝。

可惜，实验的结果却并非如此。从穿越双缝的表现来看，光并不像是由粒子构成的。

哪怕在比牛顿更早的年代，人们就已经观察到了一些不符合牛顿的光微粒说的现象。举个例子，当光从一种介质进入另一种介质时——比如，光从空气进入玻璃，然后再从玻璃进入空气——它的传播路线会发生变化（这种现象被称为折射，正是我们制作玻璃透镜的原理）。如果认为光是由粒子构成的，那就很难解释它在穿越不同的介质时为什么会出现折射的现象，因为无论是从空气进入玻璃，还是从玻璃进入空气，想要改变粒子行进的方向就必须对它们施加外力的作用。但是，如果把光看成是一种波，折射现象就可以解释了（波在空气和玻璃里传播的速度不同，这解释了它在跨越不同介质时传播方向发生变化的现象）。这也正是荷兰科学家克里斯蒂安·惠更斯在 17 世纪提出的观点。惠更斯主张光是一种波，就像声波一样。鉴于声音的传播必须依靠介质的振动，惠更斯假想存在一种名为"以太"的介质，弥漫在我们周围的空间里，而它的振动便是光的本质。

这是一个严肃的理论，由一位天赋异禀的科学家提出。惠更斯是一名物理学家、天文学家兼数学家。他曾亲手打磨透镜，并用自制的天文望远镜发现了土星的卫星——土卫六（2005 年，人类的探测器首次登陆土卫六，探测器名叫惠更斯号，以纪念他的贡献）。他还独立发现了猎户星云。1690 年，惠更斯出版了《光论》一书，他在这部著作里详细论述了光的波动理论。

牛顿和惠更斯生活在同一时代，但牛顿的名声更为显赫。毕竟，是他提出了运动三大定律以及万有引力定律，解释了从日常生活中的抛物线到行星绕太阳运行的轨迹的一切现象。不仅如此，牛顿还是个相当博学的通才，在各个领域都颇有建树（作为数学家，他创立了微积分，他甚至曾大胆涉足化学、神学，撰写过《圣经》评注，至于在物理学上的成就，我就不必多费口舌了）。这么看来，牛顿的光微粒理论能压惠更斯的波动理论一头也是情有可原的。在"光是什么"这个问题上，世人还需要一位能与牛顿分庭抗礼的全才来打开局面。

托马斯·杨（Thomas Young）被誉为"世界上最后一个什么都懂的人"。[11] 1793 年，刚刚 20 岁出头的托马斯·杨提出了人眼对远近不同的物体对焦的原理，部分依据来自他对牛眼的解剖。一年后，凭借这项研究工作，托马斯·杨成为英国皇家学会会员，然后在 1796 年，他又成了"药剂师、手术师和助产医师"。[12] 在 40 多岁的时候，杨帮助埃及学学者破译了罗塞塔石碑（这块石碑上的碑文有三种语言的版本，分别是希腊文、古埃及象形文字，还有一种未知的文字①）。在治病救人、醉心埃及学乃至研究印欧语系之余，杨抽空做了一场演讲，这场演讲的内容之新奇，足以载入物理学史。演讲的地点在伦敦皇家学会，时间是 1803 年 11 月 24 日。杨以一名物理学家的身份，向台下威严的听众描述了一个朴实无华的实验。在他看来，这个实验已经清晰无误地说明了光的本质，而且可以证明牛顿的观点是错误的。

"我下面要讲的这个实验……重复起来非常简单，只要天上有太阳就行。"杨对在场的人说道。[13]

"只要天上有太阳就行"，杨并没有夸大其词。"我在百叶窗上钻了一个小洞，然后用一张厚纸片将它遮住，再用一根细针在纸上戳个孔。"他说道。[14] 纸上的针眼可以容许一缕阳光通过。"我用一条细卡片挡住这束阳光，卡片的宽度约为三十分之一英寸②，随后观察它在墙壁或者另一张卡纸上投下的阴影，后一张卡纸的距离可以调节。"[15]

如果光是由粒子构成的，杨的那张"卡片"应该会在正后方的墙壁上投下一道清晰且锐利的影子，因为卡片能完全挡住一部分粒

---

① 即后来所说的俗体文。——编者注

② 1 英寸 = 2.54 厘米。——译者注

子。倘若真是这样，那么牛顿的理论就是正确的。

但是，如果光是由波构成的，那这张卡片就形同虚设：它犹如水中的石头，光可以像水波绕过石头一样，从左侧或者右侧绕过这张卡片。绕过卡片两侧的光最终在正对百叶窗的墙面上汇合，形成特殊的图案：一排明暗交替的条纹。这种条纹也被称为"干涉条纹"，是两道波重叠后的产物。值得注意的是，正中间的条纹恰恰是一道亮纹：如果光是由粒子构成的，那么这个位置理应有卡片投下的阴影。

波的干涉现象在日常生活中并不鲜见。以水波为例，想象一下海边的防波堤上有两个缺口，海浪打在这两个缺口处，在缺口的另一侧形成新的波浪（这个过程被称为衍射）。新的波浪继续传播，直至两道波纹相遇并发生干涉。在某些位置，两道波纹会同时达到波峰，二者叠加，形成最高的波峰（相当于光的亮纹），这种干涉被称为相长干涉；而在另一些位置，一道波的波峰恰好遇到了另一道波的波谷，二者相互抵消，发生所谓的相消干涉（对应光的暗纹）。

杨在实验中看到的正是光的干涉条纹。[16] 更特别的是，由于阳光包含各色可见光，所以他在中央亮纹的两侧看到了彩色的条纹。对于中间的亮纹，我们如果仔细看，会发现它也是由明暗交替的条纹组成的，这些明暗条纹的数量和宽度则由百叶窗上的小孔到光屏或墙面的距离决定。但无论如何改变二者的距离，中央亮纹的正中线都始终是白色的（总是亮纹）。杨的实验表明光具有波动性。

在场的人中当然有不以为然者，毕竟杨直接挑战了牛顿的观点。甚至在杨的演讲开始之前，就有人在《爱丁堡评论》上发表匿名文章，猛烈抨击杨的研究。这篇檄文的作者后被证实是一位名叫亨利·布鲁厄姆（Henry Brougham，他在 1830 年被任命为英格兰大法官）的出庭律师，[17] 文章的措辞尖酸刻薄，称杨的研究"一文不值"，他"陶醉在幼稚淫邪的幻想所带来的快乐中，没有男子气概，毫无意义"。[18]

怎么会一文不值呢！很快，杨的观点就得到了其他物理学家的支持。他的实验是如今的双缝干涉实验的原型，开创了同类实验的先河，费曼在康奈尔的讲座上对它的精妙赞赏有加。在更标准的双缝实验里，我们通常用稳定的人工光源替代杨当初使用的阳光。另外，如今我们也不再通过用"卡片"阻挡阳光的方式来分割光路，而是用一块不透光的挡板，在上面划两道狭窄的缝隙或裂口，让光线同时照在这两道开口上，形成两条不同的光路。而在挡板后方的光屏上，我们看到的干涉条纹与杨在正对百叶窗的墙面上看到的图案基本一致（如果光屏本身是一张照相底板，或者是一块表面涂有感光材料的玻璃板，我们应该不难想象最终形成的图案相当于胶卷底片的负片：受到光照的位置反而形成暗色的条纹）。如果光是由粒子构成的，光屏上应该会出现两道中间最亮、两侧逐渐变暗的条纹，但这样的景象没有出现。光在这个实验里表现出了波的性质。

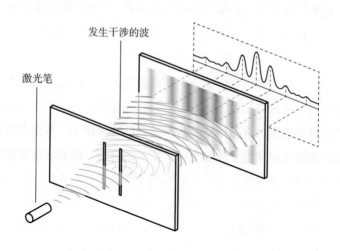

发生干涉的波

激光笔

因此，早在量子力学的微光依稀可辨之前，杨似乎就已经解决了牛顿和惠更斯之间的争论（尽管仍有人对他持怀疑态度，偏袒牛顿）。杨赞成惠更斯的观点，认为光是一种波。这种说法从此站稳了脚跟，直到物理学迎来量子力学的理论革命。

物理学的新一轮变革源于 20 世纪初一系列令人疑惑的发现，其中包括阿尔伯特·爱因斯坦在 1905 年提出的主张，他认为光应当被看成是由粒子构成的，因为只有这样才能解释一种名为光电效应的现象（这种效应让我们得以把阳光转化为电，它让太阳能电池技术成为可能）。这些组成光的粒子后来被称为光子。对于无论哪种频率或者哪种颜色的光，光子都是最小的能量单位，不能进一步分割：换句话说，光传递的能量无法小于一个光子所含的能量。爱因斯坦的观点其实要比这更复杂一些，但眼下我们只需要知道，物理学在某些特定的情况下不得不把光看作由粒子组成，可是如此一来，双缝实验便违背了我们对现实的直观感觉。

费曼称双缝实验体现了量子力学的"核心奥秘"。为了说明这一点，他把发射子弹（或者我们所说的沙粒）的枪换成了发射电子的装置。20 世纪 60 年代的人都知道电子是按"个"算的。亚原子世界（包括光子）由许多不同类型的基本粒子构成，而电子就是一种基本粒子。我们的双缝实验选择用光子，而不是电子。光子是构成光的粒子，没有质量，电子则是一种有质量的物质粒子。可是无论我们在双缝实验里使用电子还是光子，实验的过程、结果和意义都没有丝毫的差别，这本身就会令人产生疑问。用费曼的话说，二者的怪异程度不相上下。

如果我们使用光子，那么实验的结果如下。与使用沙粒的情况不同，光屏上不会出现两道光带，取而代之的是明暗交替的条纹，类似于杨看到的干涉图案，这意味着光子的表现与波相似。要想得到清晰的条纹，最好用单色光作为光源。比如，用一束强烈的红光照射两道狭缝。

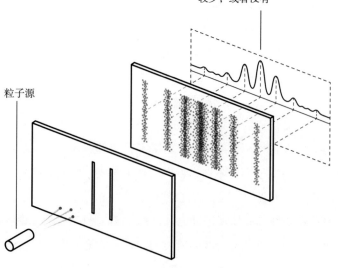

电子或光子的分布有峰谷之分。波峰代表落在此处的粒子较多；波谷则表示落在此处的粒子数量较少，或者没有

粒子源

当两条狭缝都打开时，光屏上会出现干涉条纹，这代表光（我们现在已经知道光是由粒子构成的了）的确穿过了两道狭缝。但是，如果我们挡住其中一条狭缝（无论哪一条都可以），光屏上的干涉条纹就消失了，显然，此时的光只穿过了一条狭缝，单独的一束光没有能够相互干涉的对象。

现在让我们想象，如果每次只发射一个光子会怎么样？这样一来，结果就真正开始令人困惑不解了。后文会介绍物理学家为此发明的光子发射装置，可惜在费曼演讲的 1964 年，这种技术还没有实现。现在，让我们假设手头正好有这种光子发射装置。这样一来，我们让每一个光子都穿过狭缝，而且保证每次实验的整套装置内都有且仅有一个光子。所有的光子都将击中远处的光屏，并在上面留下一个光点。如果让足够多的光子落到光屏上，直觉告诉我们，光子应当会像沙粒一样分别落在两道狭缝的正后方。光屏上不应该出现干涉图案。

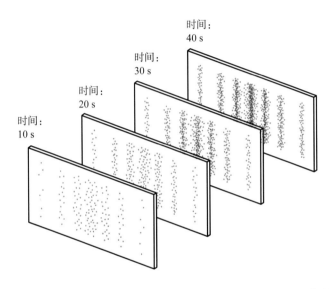

但我们的直觉是错误的。结果是，虽然每一个光子的落点似乎都是随机的，但当打在光屏上光子的数量足够多时，光屏上总会出现明暗交替的条纹。假设每个被光子击中的位置都会留下一个黑点，大量光子的撞击在光屏上形成了黑色的条带，随着实验的进行，明暗相间的条纹会逐渐显现。

这个结果有些古怪。如果有两道波，那出现干涉图案算是合情合理，但在这个实验里，每次只有一个光子穿过狭缝。光子与光子之间没有发生干涉的机会，前后两个光子之间没有，第一个和第十个光子之间更没有。每个光子都是互不相关的。但就算如此，每个光子在光屏上的落点还是最有可能位于发生相长干涉的区域，最不可能位于本应发生相消干涉的地方。我们最后还是得到了干涉条纹，仿佛每个光子都表现出了类似波的行为，它们仿佛在和自己发生干涉。

即便每个光子在发射的时候都是单个的粒子，我们在光屏上检测到的也是单个的粒子，干涉条纹也依旧会出现：这个实验结果似乎意味着，从发射后到检测前，每个粒子在这段时间内都表现出了波的性质，而且以某种方式同时穿过了两道狭缝。如若不然，我们该如何解释最后看到的干涉图案呢？

如果你觉得这还不够神秘，那我们可以试着找出光子究竟穿过了哪条狭缝（毕竟从直觉上来说，一个光子只能穿过一条狭缝，而不是两条）。假设我们有一种方法，能够在不破坏光子的情况下探测它穿过了哪一条狭缝。如果我们真的这样做了，干涉图案就会消失（也就是说，光子不再表现出波的性质，转而变得像粒子），光屏上得到的图像仅仅是"整个"的粒子在穿过双缝后留下的两道明亮的条纹。但只要我们停止窥视光子的运动轨迹，它们就会恢复波的性质：光屏上的干涉图案将重新显现。

你也可以从另一个角度感受这个过程的神秘。当我们没有检测光子的路径时，它们几乎永远不会落到光屏的某些位置，也就是最终发生相消干涉的地方。可是一旦我们开始监测光子的运动路径，它们就会击中这些本该避开的区域。这究竟是怎么回事？

光子奇怪的表现还不止这些。如果向双缝发射的是沙粒，只要知道每一粒沙子的初始条件（它的初始速度、离开枪管时的角度等），再把经过双缝时产生的偏差考虑在内，我们就可以用牛顿运动定律预测沙粒在光屏上的最终落点。物理学本应是这么回事，但这招对光子（或者电子，以及任何量子力学研究对象）却行不通。

从离开光源到射向双缝，在这个过程中，就算掌握了每个光子的所有信息，我们也只能计算出它们落在光屏上某个特定区域内的概率。以光屏上众多发生相长干涉的区域为例，虽然我们知道光子大概率会落入这些区域，但我们不可能预先知道具体某个光子会落入哪个相长干涉区域。大自然的骨子里似乎有一种内在的非确定性，还是说它在隐藏什么秘密，而我们挖得还不够深？

疑问一个接一个地冒了出来。光子在产生和最终被检测到的时候，都展现出实实在在的粒子性质。只要我们不试图弄清光子在此期间的行进路线，它们就会像波一样；而一旦我们开始观测它们，它们又会表现得像粒子。难道光子"知道"我们在观测它们的波动性或粒子性吗？如果是，那它们是如何知道的？我们能否欺骗光子？比如，让它误以为我们没有观测，然后在它刚刚以波的形式穿过双缝后，立刻查看它是从哪一边通过的，随后检测它的粒子性？

或许答案并没有那么复杂：光子就是一种粒子，且只能从两条狭缝中的一条穿过。与此同时，有某种我们目前的标准理论还无法解释的东西同时穿过了两条狭缝，波动性正是由它表现出来的。如果真是这样，那这种东西会是什么呢？

你或许认为光子不同的表现牵扯到了人类的意识，有类似想法的人并不在少数。在面对两种同样神秘莫测的事物（这里分别指的是诡异的量子世界和令人费解的意识）时，把两者关联起来几乎可以说是人之常情。

在费曼的康奈尔大学演讲后大约20年，才出现了使用单个光子的双缝实验。从19世纪初杨的巧思，到现代的改良版本，这段历史很好地体现了物理学家如何利用双缝实验不断增进我们对现实的理解。200 多年来，这个实验的核心概念一如既往地简单，但实验设备和技术变得越来越精巧复杂，实验设计者不断想出更为巧妙的思路，想方设法地刺探大自然最深邃的秘密。

第 2 章

"存在"的意义是什么？
通向现实的道路：从哥本哈根到布鲁塞尔

构成客观现实世界的最小单位不可能像石头或者树木一样客观地存在，无论我们是否能够观测到它们。[19]

——维尔纳·海森堡

量子物理学已经有大约 100 年的历史了。而在量子物理学诞生之前的近 200 年时间里，人们对自然如何运行的认识主要由艾萨克·牛顿发现的物理定律主导。他在《自然哲学的数学原理》中详细阐述了自己的定律[20]，这本惊人的专著于 1687 年出版。牛顿的自然观中有一点非常重要，他认为世界由物质粒子构成，而粒子的运动由施加在其上的力决定，其中包括相互吸引的引力。光也被认为具有粒子的性质，虽然这一点颇有争议。惠更斯、杨以及其他人都挑战了这一观点，他们认为光具有波动性。因此，尽管牛顿设想的宇宙是一个由粒子构成的世界，可光却独树一帜：在探讨世界本质的本体论中，光所属的类别一直显得有些模糊不清。

几个世纪后，法国的一位贵族兼物理学家路易·德布罗意以相当雄辩的口吻描述了物理学的这段历史："光需要经过长途跋涉，穿过没有物质的浩瀚空间，才能从太阳或者其他恒星到达我们的眼睛。这说明光的传播不用借助任何物质的运动……就可以轻松穿越虚空。因此，除非能添加一个完全不同于物质的现实层面，否则我们对物理世界的描绘就不可能是完备的。而光正是代表这种独立层面的实体。那么，光究竟是什么？它的结构又是怎样的？"[21]

德布罗意曾写到，由于19世纪60年代，苏格兰科学家詹姆斯·克拉克·麦克斯韦构建的数学基础让物理学家开始把光设想成一种波，所以类似的问题开始受到越来越多的关注。

麦克斯韦的研究工作首先是统一了电和磁，在他之前，二者一直被视作两种不同的力。以英国物理学家兼化学家迈克尔·法拉第的工作为基础，麦克斯韦提出了将电和磁合二为一的理论，并预言它们会以电磁波的形式传播。1864年12月8日，他在伦敦皇家学会公开了这些想法。[22] 大自然的本体论被改写了。这下除了粒子之外，我们对光电现象的认识中又多了一个电磁场（能量的振荡）。粒子是局域性的，而场却能扩散，它可以传播到很远很远的地方并对那里施加影响。

麦克斯韦认为光也是一种电磁波，可他的观点让其他人感到有些为难。物理学家可以理解电磁波在介质中传播，比如电流通过电线，但他们却难以想象光要如何才能穿过真空，而事实上它的确做到了。

然而在回答光的本质是什么之前，人们得先证实麦克斯韦的电磁理论。1879年，普鲁士科学院（位于柏林）公布了一项悬赏，号召人们解决一个难题，这个问题后来被称为"柏林奖"，其内容就是用实验证明麦克斯韦的猜想。[23] 悬赏的截止日期是1882年3月1日，赢家将获得100达克特（欧洲中世纪使用的金质或银质钱币，这种货币直到19世纪和20世纪初还在流通）的奖励。天赋异禀的德国物理学家海因里希·赫兹是当时被认为最有可能赢得这笔奖金的人之一。可就在悬赏公布的当年，赫兹略做思考便放弃了，原因是他对应当如何进行实验毫无头绪。他后来写道："尽管当时没有想出办法，但我仍然很想继续尝试，寻找其他可能的手段。"[24]

最终，没有人在 1882 年领到了这笔奖金。

但是仅仅几年之后，赫兹就解决了这个难题。他设计的实验证明了麦克斯韦是正确的。赫兹制作了电磁波发射器和接收器，并靠它们证实了这种看不见的波是真实存在的，而且能在空气中传播。这个实验也让赫兹在无意中发现了无线电波。

当被问到这种波有什么用时，据说赫兹当时的回答是："它没有任何用。这只是一个用来证明麦克斯韦大师正确的实验。这些神秘的电磁波无法被我们的肉眼看见，但它们就在那里。"[25]

赫兹的实验证实了麦克斯韦的电磁理论。最终，我们知道了光其实也是一种电磁波。它由电场和磁场构成，两个场分别位于两个相互垂直的平面内。而光本身的传播方向又与电场和磁场所在的平面垂直。振动的频率，或者说电磁波的频率（v），等于光速（c）除以波长（λ）。

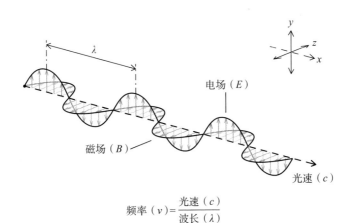

$$频率（v）= \frac{光速（c）}{波长（\lambda）}$$

不过，赫兹在做这个实验的过程中无意间发现了一种现象，10 年内，这种有趣的现象就对"光是一种波"的观点构成了挑战——今天，我们把它称为"光电效应"。光照在某些金属上时，能使这些金属中的电子弹出。最关键的是，对于一种特定的金属，光的频率必须超过某个阈值才能起到激发电子的效果，而这个阈值由金属的种类决定。如果光的频率小于这个阈值，那么无论光线有多强，金属的电子都不会被激发；而如果光的频率高于这个阈值，则会发生两件事。第一，随着入射光的强度增加，从金属内弹射出的电子的数量也会相应增加。第二，继续提高光的频率，弹射电子的能量也会跟着增强。

然而赫兹只看到了这个现象的一些蛛丝马迹。他在实验中用接收器截获看不见的无线电波，相比在完全黑暗的容器内，这种接收器在有光照的环境中效果更好。无线电波和光没有任何关系，但光却在以某种方式影响无线电波的接收器。1887 年 7 月，赫兹在一封写给父亲的信中以一如既往的谦逊口吻谈到了自己的发现："我很肯定有了发现，因为这是一种全新且十分令人疑惑的现象。我当然没有能力评判这个发现是否美妙，但如果别人能这么认为，那我肯定会很高兴；似乎只有等到将来，我们才能知道这个发现究竟是重要还是不重要。"[26]

人们无法解释赫兹观察到的现象也在情理之中：当时的物理学家还不知道电子为何物，更不要说复杂的光电效应了。即便到了 19 世纪 90 年代初，我们对世界的认识水平也才达到"原子是构成物质的最小单位"，至于原子的内部是什么样子，当时根本没有人知道。电子的发现和其他诸多里程碑事件，最终铺就了从赫兹到爱因斯坦再到量子力学的道路。

遗憾的是，赫兹没能亲眼看到后来发生的那些里程碑事件。他死于 1894 年 1 月 1 日。刊登在《自然》杂志上的一则讣告描绘了他在弥留之际的情况："一种源于鼻部的慢性疾病扩散到了全身，十分痛苦……逐渐演变为败血症。他的意识直到最后都是清晰的，所以他肯定知道自己痊愈无望了，但他以最大的耐心和毅力忍受着病痛的折磨。"[27] 赫兹去世时年仅 37 岁，导师赫尔曼·冯·亥姆霍兹（他也在同一年的晚些时候去世了）在为赫兹的专著《力学原理》所作的序中写道："大自然有很多不轻易示人的秘密，海因里希·赫兹似乎命中注定要为人类揭开这些神秘的面纱；可是，美好的期许却被这恶疾扑灭……疾病把这条宝贵的生命，连同本应属于他的成就一起，从我们身边夺走了。"[28]

　　一石激起千层浪，在赫兹揭开自然的秘密后，众多新发现纷至沓来。首先，因为一种名为阴极射线管的装置，人们发现了电子。阴极射线管其实是一种圆柱形的玻璃管，两端各有一个电极，管内大部分的空气都被抽走，它在 19 世纪中期称得上是相当稀奇的科学小玩意儿。[29] 在两个电极上施加高电压时，阴极射线管就会发光，科学家们经常借此在不明就里的观众面前显摆，乐此不疲。不久，物理学家发现，如果抽走更多的空气，但又没有将其彻底抽完，就可以看到非常奇特的现象：阴极管内从负极（阴极）发出了射线，并在击穿管内的空气后到达正极（阳极）。

　　赫兹去世 3 年后，英国物理学家 J. J. 汤姆孙凭借一系列设计精巧的实验，确凿无疑地指出，阴极管内的这种射线由某种比原子更小的物质构成，不仅如此，它们的运动轨迹可以被电场弯曲，而且从射线在电场中的偏转来看，它们应该带负电。汤姆孙由此发现了电子。不过，他当时并没有使用"电子"这个名称，而是选择了"微粒"（corpuscle）。汤姆孙推测，微粒其实是原子的一部分。他的观点并没有得到所有人的认同。"一开始，几乎没有人相信还有比原子更小的东西，"汤姆孙后来说，"甚至在很久之后，我有一次在英国皇家学会做演讲，一位知名的物理学家告诉我，他认为我一直在'戏弄他们'。"[30]

尽管有这样那样的怀疑，但汤姆孙彻底改变了我们对原子的认识。

与此同时，在赫兹首次发现光电效应后，他的助手菲利普·莱纳德（Philipp Lenard）接过了衣钵。莱纳德是一名技艺精湛的实验学家。他的实验清晰地表明，用紫外线照射金属所产生的粒子与构成阴极射线管内射线的粒子是同一种，都是电子。[31] 关键是，这些电子的速度（也就是它们的能量）与入射光的强度没有关系。可惜，莱纳德不擅长理论，他试图解释实验中发现的现象，结果却一无所获。

接下来登场的是爱因斯坦。1905 年，爱因斯坦写了一篇关于光电效应的论文。在这篇论文里，他提到了德国物理学家马克斯·普朗克的研究。牛顿的经典物理学与即将问世的量子力学矛盾不断，而早在 5 年前，普朗克就已经在这场争论中出师告捷。普朗克当时在研究一类特殊的对象——黑体。这是一种在热力学平衡中经过理想化处理的物体，它能吸收一切外来的辐射，并将其毫不保留地辐射出去。按照经典物理学的说法，电磁能量可以无限分割，形成连续的能级，但是，根据这种经典力学假设所做的预测却与实验结果不符。也就是说，我们对能量的经典认知存在某种纰漏。

为了解决这种矛盾，普朗克提出，只有引入能量子（quanta）——最小的能量单位——的概念才能解释黑体独特的电磁辐射谱。每个能量单位就是一个量子，而这个量子是能量的下限：对于一种特定频率的电磁辐射，我们无法得到比量子更小的能量（就像我们无法把一元钱分成比一分钱更小的单位）。凭借这种假设，普朗克完美地解释了实验中观察到的现象。"量子"的概念由此诞生。

爱因斯坦在 1905 年的论文里并没有完全靠普朗克的观点来解释光电效应，不过后来他终究还是这么做了。[32] 爱因斯坦提出，由于光也是一种电磁波，所以它同样具有量子的性质：光的频率越高，每个量子的能量就越高。而且二者的关系是线性的——频率翻倍，量子的能量也翻倍。爱因斯坦提出的光量子对于我们理解光电效应至关重要。在光电效应中，光照有时可以激发电子，使其从金属原子中弹射出去。爱因斯坦说，对于一种特定的金属，只有当入射光量子的能量达到某个最小值时，电子才会从受到照射的金属表面脱离，否则电子仍将留在原子内。这解释了为什么用频率低于某个阈值的入射光照射金属永远无法激发金属表面的电子：因为量子的能量太低了。不仅如此，即使两个能量偏低的量子加起来可以超过激发电子所需的能量阈值，也同样无济于事，因为光和金属原子之间的相互作用只能以每次一个光量子的形式进行。因此，只要入射光的频率低于阈值，那么无论堆叠多少量子都不能引发光电效应。

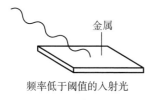

频率低于阈值的入射光

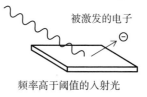

频率高于阈值的入射光

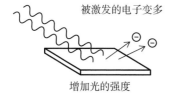

增加光的强度

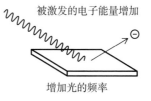

增加光的频率

爱因斯坦还根据这个理论预言，当入射光的频率增加时，激发电子的能量也会相应增加（或者说速度会变得更快）。光量子的能量越高，电子受到的激发越强，它挣脱金属原子时的初始速度就越快。这个预言很快就得到了实验的证实。

爱因斯坦在这里提出了一个影响深远的见解，即光由微小且不可分割的粒子构成，每个粒子（或称量子）所含的能量取决于光的频率或者说颜色。当然，奇怪的地方在于，"频率"和"波长"这类术语原本对应于波的性质，而这里却被用于阐释光的粒子性。一种令人不安的二象性开始显露端倪，事情变得越来越叫人费解了。

凭借各自的研究，莱纳德和爱因斯坦双双获得了诺贝尔物理学奖，莱纳德因他在"阴极射线"方面的工作于1905年获奖，而爱因斯坦则因为用普朗克的量子理论解释了光电效应，在1921年被授予诺贝尔奖。不过，莱纳德认为爱因斯坦提出的理论建立在他的研究成果之上，对于爱因斯坦获得如此殊荣，他始终耿耿于怀。莱纳德是一个反犹分子。1924年，莱纳德追随希特勒，成为纳粹党党员。他在自己位于海德堡的物理研究院的办公室前立起了一块牌子，上面写道："禁止犹太人和德国物理学会会员入内。"[33]莱纳德毫不掩饰自己种族主义和反犹主义的政治倾向，对爱因斯坦和他的相对论进行了猛烈的攻击。菲利普·鲍尔（Philip Ball）曾在《科学美国人》杂志上的一篇文章里写道："莱纳德痛恨爱因斯坦的一切。他是个推崇军国主义的国家主义者，而爱因斯坦则是个支持和平主义的国际主义者……莱纳德认定相对论是'犹太人的欺诈'，这个理论中任何有价值的亮点都是拾'雅利安人'的牙慧。"[34]

正是在如此社会动荡、意识形态相互撕扯的浪潮席卷整个欧洲的历史背景下，物理学迎来了量子革命。

1905 年，人们知道了电子是原子的组成部分（至于原子内还有没有其他东西，当时依然不甚明确）。另外，人们还知道了电磁场，并掌握了描述这种场的麦克斯韦方程。这些东西都具有量子的性质。光已经被证实是一种电磁波，所以光也是由量子构成的，而我们可以把光量子看成一种粒子。微观世界可真让人摸不着头脑。

与此同时，J. J. 汤姆孙好奇一个问题。如果只让少数几个光量子穿过一条狭缝（而不是两条），那会发生什么？1909 年，一位名叫杰弗里·英格拉姆·泰勒（Geoffrey Ingram Taylor）的年轻科学家来到了英国剑桥，开始与汤姆孙一同工作。泰勒决定设计一个实验，尝试回答汤姆孙的疑问。哪怕到了今天，这个问题的答案在量子力学领域内依旧掷地有声，它与双缝实验的历史更是息息相关。

想象从一个光源发出的光照在一块不透光的板子上，板上有一条狭缝，遮光板的另一侧有一块光屏。这次我们还是会天真地认为，光屏上会且仅会出现一道明亮的光带。然而实际出现的却是明暗相间的条纹（不过此时的条纹与我们在双缝实验中看到的条纹并不相同。将单缝或单孔内的每一个点都看作一个新的光源，便可以解释我们在光屏上看到的条纹：每个新光源都会与其他光源发生干涉，由此获得的条纹就是所谓的衍射图样）。这是光具有波动性的又一例证。如果我们用一大束光来做这个实验，实验的结果反而很容易解释：因为光是一种电磁波，所以我们会在光屏上看到明暗相间的条纹。

但考虑到光是由粒子（量子）构成的，汤姆孙想知道如果调低光源的强度、限制单位时间内穿过单缝的光量子数量，那会对单缝实验的结果产生怎样的影响。另外，要是我们把远处的光屏换成可以记录每个光量子落点的感光板，那在经历一定的时间后，我们是否还能看到干涉条纹呢？汤姆孙认为我们只能看到模糊不清的条纹，因为只有大量光量子同时到达光屏并发生干涉，才能在感光板上留下清晰可辨的干涉条纹。[35] 减少单位时间内到达光屏的光量子理应导致干涉现象减弱，既然干涉现象减弱了，那干涉条纹就会变得模糊一些。这就是汤姆孙的推测。

当时的泰勒才 20 多岁，刚刚开启实验物理学家的职业生涯。他选择了汤姆孙的这个课题作为自己第一篇科研论文的主题，但出人意料的是，他在多年后回忆称："我选择这个课题的原因有很多，但恐怕跟它的科学价值都没有关系。"[36] 最终，泰勒在父母家的儿童游戏室内完成了这个实验。为了获得单缝，他把金属箔贴到一块玻璃上，然后用剃刀片在金属箔上划出了一道缝。[37] 至于光源，他选择的是燃气的火焰。在火焰和单缝之间，他放置了很多层深色玻璃。泰勒经过计算认为，最终照在狭缝上的光非常微弱，强度只相当于一英里①外的蜡烛火光。在狭缝的另一侧，泰勒放置了一根针，针的阴影会投射到位于同一侧的感光板上，并被记录下来。于是，光线就这样穿过单缝（至少从表面上看，单位时间内只有少量的光量子通过），然后落到感光板上。在昏暗的火光下，感光板经过几周时间的曝光，最终会呈现出怎样的图案？

在实验进行期间，泰勒的心思已经飞到了别处，他当时正痴迷于精进自己的航海技术。他布置好实验装置，确保感光板能在 6 周后获得足够的曝光。"我想乘着当时刚买的一艘小帆船出海一个月，所以想在出航之前完成这个阶段的实验准备，我觉得自己的安排还是相当有技术含量的。"他说。[38] 感光板的曝光时间长达 3 个月，这是这个实验里最耗时的环节，在此期间，据说泰勒一直潜心于航海。[39]

---

① 1 英里 ≈ 1.61 千米。——译者注

经过 3 个月的曝光，泰勒在感光板上看到了清晰的干涉条纹——与短时间内用强光照射得到的图样无异。[40] 汤姆孙的猜想被证明是错误的。泰勒的实验直指光子的怪异特性，可惜他没有继续跟进这个出乎汤姆孙预料的实验结果，否则他很有可能成为量子力学发展过程中的关键人物。泰勒没有进一步深耕量子力学，他多次切换研究方向，在物理学的多个领域做出了重大贡献，尤其是流体力学。

不过，汤姆孙培养的人才不止泰勒。1911 年秋天，一位名叫尼尔斯·玻尔的丹麦青年科学家开始与汤姆孙合作。没过多久，玻尔搬到了曼彻斯特，跟随出生于新西兰的英国物理学家欧内斯特·卢瑟福学习。彼时的卢瑟福正在探索原子的内部结构，他先前的工作已经证实，原子内除了电子之外，还有一个带正电的核。根据计算，原子的大部分质量都来自这个核。卢瑟福的研究让人们对原子的结构有了新的认识：带负电的电子围绕带正电的原子核运动，犹如行星绕着恒星公转。

几乎是在这个模型被提出的第一时间，物理学家就意识到它的严重缺陷。根据牛顿的运动定律，电子在自己的轨道上稳定地运行而不落入原子核内的过程一直带有加速度。但根据麦克斯韦方程，加速运动的电子应当会向外辐射电磁能，导致它不断失去能量，最终沿螺旋下降的轨迹落入原子核内。这样的原子结构是不稳定的，显然与现实情况不符。所以卢瑟福提出的模型有误。

年轻的玻尔想出了一种临时的解决方案。1913 年，玻尔提出，电子在围绕原子核做圆周运动时，其能级并不是连续的，不仅如此，电子在原子中的最低能级存在某个下限。玻尔认为电子的轨道（也就是电子的能级）是量子化的。任何原子都有自己的最低轨道，没有哪个电子的能级可以比这个最低轨道上的电子更低。玻尔称，这个最低轨道是稳定的。如果一个电子已经处于原子的最低能级轨道上，那它就不可能落到原子核里，这是因为要想掉入原子核，电子的运动半径必须变得更小，本身的能量必须变得更低。而玻尔的原子模型恰恰规定了运动半径和能级的最小值（即量子），就算电子想往原子核里掉，它也没有更低的轨道可以占据了。除了这个最稳定、能级最低的轨道外，原子还有其他的电子轨道，而且它们都是量子化的：电子并不是从一个轨道无缝丝滑地移动到另一个轨道上，而是只能采取跳跃的方式。

玻尔这个作为权宜之计的假说让20世纪初的物理学家们万分诧异。要体会他们当时的感受，你可以想象一下自己正开着车，并且打算把时速从10英里提高到60英里。假设这辆车跟围绕原子核运动的电子一样，那么它的速度就不能一点儿一点儿地增加，而必须每次10英里地往上加。不仅如此，无论你多么用力地踩刹车，车速也不会降到10英里每小时以下，因为10英里每小时是这辆车的最小单位（量子）速度，比这更小的速度都不存在。

玻尔还提出，电子如果从能量较高的轨道进入能量较低的轨道，就会以辐射的形式向外释放二者的能量差；而当电子从能量较低的轨道跃迁到能量较高的轨道时，它也必须吸收相应能量的辐射。

根据麦克斯韦的理论，围绕原子核旋转的电子会不断消耗能量，为了解释为什么这种情况在现实中并未发生，玻尔认为原子外的电子处于一种特殊的"静止"状态，因此不会向外辐射能量。这个略显自说自话的假说还导致了另一个后果，即电子的角动量也成了一种量子化的特性：它只能取某些特定的值，不能想取哪个就取哪个。

这种假说实在太叫人讶异和困惑了。尽管如此，人们却渐渐在普朗克、爱因斯坦和玻尔的研究之间找到了联系。普朗克指出电磁辐射的能量是量子化的，最小的能量量子（E）等于辐射的频率（v）乘一个常数（h，它被称为普朗克常数），普朗克由此推导出了他那个著名的公式：$E = hv$。爱因斯坦则指出光是量子化的，每个光量子的能量也可以用普朗克的公式表示，即 $E = hv$（这里的v代表光的频率）。

虽然玻尔指出原子内的能级是量子化的，但过了10年左右，他才接受电子在进行能级跃迁时是以光量子的形式吸收或释放辐射能量的（玻尔起初坚持认为，进出原子的辐射是经典的波）。[41]

可是，当玻尔接受爱因斯坦的光量子理论后，他却发现原子吸收或者释放的光子能量也可以用这个公式来表示：$E = hv$。（玻尔并非唯一一位对爱因斯坦的学术观点心怀抵触的学术巨擘。鉴于麦克斯韦电磁方程如此成功地描绘了光的波动性，很多物理学家都难以接受光是量子化的观点。比如在1913年，当普朗克兴致勃勃地推举爱因斯坦为普鲁士科学院院士时，他也不忘给别人打了这样一剂预防针："他有时候或许有点儿固执己见，譬如对于自己的光量子理论，但这不应当成为否定他的理由。"[42]）

越来越多的证据显示，大自然就是对这种时而像波、时而又像粒子的性质情有独钟。1924年，路易·德布罗意在他的博士论文里将这种二元性质扩展到了物质粒子上，并提出了一种更符合直觉的解释，来说明为什么电子的轨道是量子化的。德布罗意说，爱因斯坦提出的波粒二象性不仅适用于光，也适用于一切实体物质。因此，我们既可以把电子看成波，也可以把它看成粒子。对原子也一样。大自然在这方面似乎是一视同仁的：一切事物都兼具波动性和粒子性。

德布罗意的想法让玻尔的原子模型变得合理了一些。物理学家们不必把电子想象成一种围绕原子核旋转的粒子，而是可以将它想象成一道环绕原子核的波，这就可以解释为什么电子只能出现在某些特定的轨道上：电子轨道至少应该容得下一个完整的波长，或者两个、三个、四个等波长，而不能是非整数个波长。

谁都看得出来，这时的物理学正在经历一场深刻的变革。物理学家纷纷开始用量子化的电磁辐射、量子化的电子轨道或者诸如此类的东西来解释从前无法解释的现象，至少对于结构最简单的原子（氢原子，它只有一个围绕原子核运行的电子），这些解释往往是奏效的。结构更复杂的原子依旧让人捉摸不透，哪怕有这么多新概念也一样无济于事。这些探索已经触及了现实的本质：原子的行为以及原子内的电子如何通过辐射（或者说光）与外界发生相互作用。尽管捷报频传，可是新的疑问也堆积如山。

大自然在最微小的尺度上是不连续和离散的，这一点已经越来越毋庸置疑。可是，与粒子性相伴相生的波动性却是连续性最经典的代表。除此之外，最恼人的或许是，物理学家还要面对微观尺度上的不确定性。显然，有的自然现象并不遵循牛顿经典世界观中那种分毫不差的决定论特性。以放射性为例：你永远不可能根据一个放射性原子当下的状态，来精确预测它会在什么时候释放出放射线。原子衰变的过程是完全随机的，是不可预测的。这违背了当时的科学信条，当时的人们对科学的认识是：你只要透彻地掌握了某个体系的全部情况，就能准确预测该体系在未来发生的变化。可微观世界的运行似乎遵循着完全不同的另一套规则。

可这些规则究竟是什么？答案远非一目了然。当时的物理学缺少一个能把这些迥乎不同的元素拼凑在一起的理论框架。而从20世纪20年代的中期到末期，短短几年激动人心的时光给物理学带来了翻天覆地的变化，一众非凡的头脑为微观世界铸就了两套（不是一套）理论框架。1927年10月，以电子和光子为主题的第五届国际物理学索尔维会议在比利时的布鲁塞尔举行，这次人类历史上最著名的科学会议之一标志着物理学家成就的巅峰。比利时摄影师本杰明·库普里（Benjamin Couprie）在那次会议上拍下了一张如今被奉为经典的照片。[43] 这张照片是全部 29 名参会者的合影，有的人才 20 多岁，当时还没成名，他们站在最后一排；还有的人已经享誉世界，坐在最前排，爱因斯坦、普朗克和玛丽·居里正位于此列；剩下的人被安排在这两排人之间，对刚刚诞生的量子物理学来说，他们都是举足轻重的人物。很多人在拍这张合影的时候还没有获得诺贝尔奖，但那只是时间问题——最终，这 29 人中共有 17 个人成为诺贝尔奖得主。

哥本哈根湖距离市中心不远，形似细长的弯月，由 5 个蓄水池组成。在湖的北岸，经过岸边的一片马栗树林，沿一条名叫伊尔明厄街的巷子走过几条街，面前会突然出现一栋其貌不扬的建筑，它就是尼尔斯·玻尔研究所。这个研究所是玻尔在 1921 年建立的，最早的名称叫理论物理学研究所。1916 年，玻尔从曼彻斯特搬到哥本哈根大学，年仅 31 岁便成了这所大学的教授。经过卖力的四处游说，他筹集到了足够的资金，建立了一座专门研究理论物理的机构。几十年后，在玻尔的主持和见证下，这个研究所已然成为一口思想的大熔炉，优秀的思想在里面相互碰撞，思考着日新月异的量子物理学。

在这些优秀的头脑当中，有一位年轻的德国物理学家名叫维尔纳·海森堡。1922 年 6 月，玻尔在哥廷根结识了海森堡。[44] 玻尔去那里的目的是介绍当时提出的原子模型以及各种亟待解决的关键问题。在报告中，年仅 20 岁的大四学生海森堡向玻尔提问，他思路清晰，令玻尔印象深刻，以至于活动结束后，玻尔主动约他一起散步并继续讨论原子理论。玻尔还邀请海森堡去哥本哈根，[45] 在那里，海森堡与玻尔以及其他人进行了讨论。1924 年，海森堡意识到"或许终有一天，依靠巧妙的猜想，我们可以用完备的数学形式表述量子力学"。[46] 这里的"力学"泛指任何旨在解释事物在力的影响下会如何随时间的推移而改变的物理学研究。

海森堡很有先见之明。1925 年春天，不堪花粉过敏症折磨的海森堡跑到了北海的黑尔戈兰岛——一座鲜有开花植物的基岩岛上。在岛上休养期间，除了进行长距离徒步和思考歌德的《抒情诗·西东合集》，海森堡也构思出了一套早期的数学理论，这一理论日后将成为现代量子理论的基础。[47] 他后来回忆称："当最终的演算结果出现在我面前时，已经快凌晨 3 点了……无论怎么看，我的计算都能说明量子力学在数学上的一致性和连贯性。起初，我深感惶恐。我感觉到，透过原子行为的表象，我正看到奇美的内在，大自然慷慨地向我呈现了它丰富多彩的数学结构。一想到接下来要对它进行深入的探究，我兴奋得目眩。我激动得根本睡不着，于是在破晓之前，我走出门，前往岛的南尖，那里有一块伸向大海的岩石，我一直想爬上去看看。其实并不费劲，我就这样待在那块石头上，等待旭日东升。"[48]

海森堡把自己的研究写成了论文，并先后给沃尔夫冈·泡利（他也是造访玻尔研究所的年轻有为的物理学家之一）和马克斯·玻恩（同样是杰出的学者，但玻恩当时已经 40 多岁，更像是海森堡的长辈，他是海森堡的博士后导师）过目。玻恩立刻看出了海森堡这篇论文的重要性。"我想了整整一天，晚上难以入睡……第二天早上，我突然茅塞顿开。"他后来说道。[49]

让玻恩灵光乍现的是，他意识到海森堡在推导过程中使用的符号其实就是数学上所说的矩阵，数学有一个专门研究矩阵的分支，被称为矩阵代数。举个例子，海森堡发现自己的运算符有一个奇怪的性质：用 A 乘以 B 和用 B 乘以 A 所得的结果并不相同，乘数的顺序不能随意改变。这在实数运算里说不通，但在矩阵里就很正常。矩阵是一种方形的元素阵列，可以只有一行一列，也可以有多行多列。海森堡当时并不知道矩阵代数，但他凭借敏锐的直觉，想到了用一种等同于矩阵的运算符来呈现和探讨量子世界。

经过几个月热火朝天的工作，玻恩、海森堡和帕斯库尔·约尔当创立了今天量子物理学中的矩阵力学。而在英国，得知海森堡研究的保罗·狄拉克同样恍然大悟，他随后接连发表了一系列论文。狄拉克凭一己之力，赋予了矩阵力学深刻的洞见和美妙的数学形式，他提出的"狄拉克符号"一直被沿用到了今天。

最重要的是，这种表述形式显然奏效了。比如，我们可以用矩阵来表示某个电子的位置。在这个例子中，电子的位置是一个"可观测量"，而矩阵则给定了所有我们可以找到或者说观察到的电子的可能位置。这种表述形式隐含的意思是电子只能出现在某些特定的位置，而且它在切换位置时并不需要遵循连续性。离散性，或者说从一种状态跳跃到另一种状态，正是矩阵力学的核心内涵之一。

从那以后，物理学家开始充分利用这种表述形式计算电子在原子中的能级，解释钠等金属在受热时为什么会向外辐射能量、为什么原子的这种发射光谱会在磁场的影响下发生分裂，以及更为深入地认识氢原子本身。

但对于这种表述形式为什么行之有效，就没人说得清了。从物理学上来说，矩阵究竟对应着什么东西呢？这些矩阵内的元素可以是复数（复数由实部和虚部组成，虚部是实数与 -1 的平方根的乘积；虚部之所以为"虚"，是因为 -1 的平方根其实并不存在，可这个根在数学的某些领域里却出奇地有用）。现实世界怎么能被一种只存在于我们想象中的数学符号表征呢？我们是否已经触碰到了人类认知的极限？还有机会把这个问题弄明白吗？

矩阵力学使物理学家无法再将电子的运动轨迹设想成明确且固定的轨道，不过电子轨道是量子化的这一点仍然成立。我们可以用一系列数字描绘一个电子的量子状态，用大量复杂的矩阵运算预测现象（比如发射光谱），但为此付出的代价却是我们无法再形象直观地看待电子的运动轨道，比如把电子想象成绕太阳公转的地球。

除此之外，矩阵力学表述的是概率。在经典物理学中，如果一个粒子处于状态 A，而我们正好打算测量它是否处于状态 A，那么从数学上来说，我们当然百分之百确定会检测到一个处于状态 A 的粒子。换成状态 B 也一样。可矩阵力学给出的结果却不是这样，它会说这个粒子处于某种中间态：粒子的状态由系数为 x 的 A 状态和系数为 y 的 B 状态组合而成。如此一来，如果我们还是用纯粹的状态 A 或者状态 B 来预测粒子的状态，那这种预测就不可能是 100% 准确的。

矩阵力学让我们得以计算每一种测量结果出现的概率。因此，如果一个电子的状态是 x 的状态 A 加上 y 的状态 B，而我们想测量这个电子是否处于状态 A，那么通过计算可得，我们发现它处于 A 状态的概率为 x^2。同样，如果我们想测量这个电子是否处于状态 B，那么发现它处于 B 状态的概率为 y^2。（考虑到系数 x 和 y 可以是复数，这段话的术语表述本应该更复杂一些，但就目前的行文而言，我们很容易看出要如何用 x 和 y 计算相应的概率：状态 A 和状态 B 的概率之和应当为 1，也就是说，x^2+y^2 应该等于 1。）

我们要用概率来表示粒子的状态，并不是因为我们对粒子的情况了解得不够。矩阵力学认为，就算我们可以获悉一切想要获悉的条件和信息，如果对 100 万个初始条件完全相同、状态也完全一样（意味着状态 A 和状态 B 的系数相同）的粒子进行 100 万次相同的测量，那么平均而言，我们总会发现其中有占比x^2的粒子状态为A，另有占比y^2的粒子状态为B，只不过我们永远无法准确预测每一次测量的结果究竟是什么，只能在统计学的范畴内泛泛而谈。量子领域似乎并不是一个讲求确定性的世界。

你是不是想到了双缝实验也有类似的情况？我们无法精确预测单个光子在光屏上的落点，而只能以概率表示它可能会击中哪里。

在这些非同凡响的研究工作面世之后，没过多久，一位名叫埃尔温·薛定谔的奥地利物理学家表达了对海森堡矩阵力学的失望，甚至是厌恶。他说矩阵力学在他眼中是一种"非常复杂的超越代数，毫无直观性可言"，这让他"很沮丧，甚至是反感"。[50]薛定谔日后将成为量子力学的奠基者之一，但此时的他刚刚崭露头角。

交锋正式打响：是波还是粒子，是连续性还是离散性，是守旧还是创新。薛定谔对新潮的矩阵力学十分反感，这促使他建立了另一套略显古板但令人惊叹的表述形式。他的这种做法似乎重振了人们对于用经典理论思考和看待大自然的信心。

1924年，当路易·德布罗意在毕业论文中提出物质的波粒二象性时，薛定谔已经是苏黎世大学的理论物理学教授了，同当时欧洲各国年轻的天才们相比，已经年届40的薛定谔可以说"风华不再"了。尽管如此，多年来薛定谔一直深耕量子物理学领域，思考其他人也没能解决的那些问题。通过爱因斯坦在论文中引用的一篇文献，薛定谔获知了德布罗意的工作。薛定谔的头脑思路偏老派，讲求直观，因此他接受了将物质设想成波的想法。他在1925年11月3日写给爱因斯坦的信里承认道："几天前，我怀着浓厚的兴趣读了路易·德布罗意那篇开创性的论文，总算是掌握了它的要义。"[51]薛定谔希望能以波的形式描述电子围绕原子核的运动，因此他没有采用海森堡的矩阵力学，而是提出了波动力学。

如果说是黑尔戈兰岛上的独自徘徊造就了海森堡的量子物理学神话，那么薛定谔的灵感爆发也要归功于他的闭关修炼，虽然说"闭关"稍稍有些牵强。《纽约时报》上的一则书评曾聚焦于薛定谔在这段时期的私人生活："距离1925年的圣诞节还有几天，薛定谔……动身前往瑞士的阿尔卑斯高山小镇阿罗萨，计划在那里度过两周半的假期。他把妻子留在了苏黎世，带上了德布罗意的论文、一位认识多年的维也纳女友（这个人的身份至今仍是个谜），还有两颗珍珠。珍珠是用来塞耳朵的，屏蔽一切让他分心的噪声；与女伴的欢爱则能帮他寻找灵感。薛定谔就这样投入波动力学的研究中。1926年1月9日，当他和这名神秘的女子从严寒的山区返回时，物理学上最伟大的发现已经成竹在胸了。"[52]

不出几周，薛定谔就在《物理学年鉴》上发表了第一篇论文。紧接着他又连续发表了三篇文章，把海森堡和玻恩创建的量子世界搅得天翻地覆。一夜之间，物理学家突然有了一种可以直观看待氢原子中的电子是如何运行的方式。薛定谔提出的理论后来被称为薛定谔波动方程，它将电子当成一种波处理，并阐释了这种波会如何随时间发生变化。这便是波动力学，它也算是经典物理学的范畴，不过二者有一些非同寻常且关键的区别。

在经典物理学中，以描述声波的方程为例，我们可以从这个方程的解中得知声波在特定时间以及特定位置的压强。而薛定谔波动方程的解则被称为波函数，以希腊字母 ψ（读作"普西"）表示，可以说是相当奇怪。它代表粒子的量子态，但量子态本身并不是一个确定的数值，举个例子，波函数并不能显示电子在这一刻位于这个位置，或者在那个时刻位于那个位置。ψ本身其实是一道起起伏伏的波，在任意一个时间点，它在空间内的每一个位置都有各自的值。

更诡异的是，这些值不一定是实数，它们可以是带虚部的复数。也就是说，在任何一个时刻，波函数都并非局限于空间内的某个特定区域，而是弥散在整个空间内，它不仅无处不在，还带有"虚"的成分。薛定谔方程的作用正是帮助我们计算ψ这种量子体系的状态会如何随着时间的推移发生变化。

薛定谔认为，波函数让我们得以用直观的方式想象电子以及其他量子世界的事物。但在薛定谔发表论文的几个月后，他的这个观点就受到了质疑，原因是马克斯·玻恩发现薛定谔对波函数的意义理解有误。

玻恩在1926年夏天发表的几篇颇具开创性的论文里指出，在电子发生碰撞和散射后，代表电子状态的波函数其实只能描述电子处于某种状态的概率。为了阐明这一点，玻恩前后尝试了很多次。他最终得出的结论是，如果ψ是电子的波函数，而且能够以以下形式表示，比如我们假设一个电子有两种不同的状态，分别记作ψ_A和ψ_B，于是$\psi = x\psi_A + y\psi_B$，那么根据这个等式，我们能做的事情只有一件：在对这个电子进行测量之前，计算测量结果为状态A或者状态B的概率分别是多少。（检测到电子处于状态A的概率可以通过计算x的平方得到，以$|x|^2$表示，它被称为概率幅的平方，也可以说是模的平方，同理，检测到电子处于状态B的概率则可以通过$|y|^2$得到。$|x|$是x的模（绝对值）：如果它是一个正数，那$|x|$就是x本身；如果它是一个负数，那$|x|$的值就是将x与-1相乘。但不管是正数还是负数，平方后得到的都是正数。当然，x和y都可以是复数，计算复数的绝对值会稍微麻烦一些，我们只需要知道，对复数的模进行平方运算，最后得到的仍是一个不带虚部的正实数。）

乍一看，玻恩似乎质疑了经典物理学决定论背后的因果性。经典物理学认为，有因才有果。但给定一个电子的初始状态，按照标准量子力学的观点，我们无法肯定这个电子接下来的状态会是什么样。我们只能借助一种后来被称为"玻恩定则"的法则，计算这个电子从一种状态转变成另一种状态的概率。这样一来，随机性就成了自然法则内涵的一部分。玻恩对此的评价是："粒子的运动遵从概率法则，可概率本身却遵循因果定律。"[53]

这正是物理学家对波函数的第一种诠释：它是一种概率波。薛定谔的方程让我们能够明确计算这种波如何随时间的推移而变化，但随着概率波演变并呈现出不同的形态，真正改变的其实是我们在测量相应的量子系统时发现它处于各种不同状态的概率。

如果你觉得这听起来跟矩阵力学所说的概率很像，那你并没有弄错。薛定谔本人的另一个洞见便是波动力学和矩阵力学在数学上是等价的。几年后，一位名叫约翰·冯·诺伊曼的数学家将证实二者在数学上的等价性。薛定谔并没有把这种等价性看作证明矩阵力学可靠的证据，相反，薛定谔声称这是波动力学的胜利，他认为自己的方法是正确的，并且提出任何可以靠矩阵力学计算的东西都能用波动力学替代。在薛定谔看来，波动力学的优势在于它认为自然是连续而非离散的，哪怕在最微观的尺度上也是如此。所谓的量子跃迁完全是无稽之谈。

与此同时，海森堡一点儿也不喜欢薛定谔的想法。他在写给泡利的信中抱怨说自己"厌恶"它们，把它们称为"狗屎"。[54]泡利则含蓄地称之为"苏黎世当地的迷信"[55]，暗讽薛定谔工作的城市。不出所料，泡利的武断评价让薛定谔很不高兴。为了安抚薛定谔，泡利后来说道："不要以为这是针对你个人的恶意，而要把它当成我的客观信念，它代表我坚信量子现象天然具有某些无法用物理学里的连续概念描述的方面。你可不要以为接受这种信念让我的日子变得很轻松，我一样备受煎熬，而且这种折磨只会变得越来越严重。"[56]

思考现实的本质一直折磨着这些学术界的巨人。薛定谔后来造访了哥本哈根，并在那里第一次见到了玻尔。

薛定谔在 1926 年 9 月到哥本哈根拜访玻尔，几十年后，海森堡讲述了二人的会面是多么剑拔弩张："玻尔和薛定谔的讨论从哥本哈根火车站就开始了，此后每一天，他们的交锋都会从清晨开始，一直持续到深夜。薛定谔住在玻尔家里，所以二人的谈话几乎不会受到任何外界的干扰。玻尔在平日里是个非常和蔼可亲、体贴周到的人，但当时的他给我的感觉犹如一个冷酷无情的狂热分子，他据理力争，寸步不让，不允许对方的言语中有哪怕最微小的偏差。想要再次看到这两个人如此全情投入地讨论一个话题，几乎可以说是不可能的。"[57]

两人的讨论究竟有多激烈？薛定谔在拜访玻尔期间生了病，感冒发热，卧床不起，即便如此，东家也没有让步。玻尔会到薛定谔的床边，继续与他争论量子物理学，即便玻尔的妻子玛格丽特还在一旁照料薛定谔。

针对如何设想微观世界的构成（他们探讨的主题围绕电子和光子），玻尔日后还将与爱因斯坦发生争论，他与薛定谔的激烈讨论不过是一次预演。这是两种思维方式之间的碰撞。正如沃尔特·穆尔（Walter Moore）在他为薛定谔所著的传记《薛定谔：人生与思想》（Schrödinger: Life and Thought）中描绘的那样："薛定谔是一个'追求可视化的人'，玻尔则是一个'不追求可视化的人'，一个用形象的画面思考，而另一个则用抽象的概念思考。"[58]

虽然薛定谔不久便离开了哥本哈根，但海森堡仍在那里，他成了玻尔争论问题的对象。海森堡当时住在位于研究所阁楼的一间宿舍里，玻尔会在深夜来访，切磋观点和见解。尽管两人在绝大多数问题上都能达成共识，但分歧依旧不可避免：玻尔想把波粒二象性（认为自然有两副面孔，但每次只会向我们展现其中一面）作为认识和理解现实的关键；而海森堡则"选择相信自己刚刚构建的数学表述形式"[59]，他只以这个表达形式推导出的意义为准，而不会提前对现实世界做任何预设。

他们都为解释实验现象而头疼，比如怎样合理解释双缝实验的结果。海森堡曾说："我们就像正在浓缩某种溶液里的有毒成分的化学家，不断提纯着自相矛盾的悖论，最终得到的剧毒是电子的双缝实验……它堪称一切麻烦的精华。"[60]

到1927年2月底，两人的讨论已陷入僵局，于是玻尔去了挪威滑雪。海森堡也有了自己梳理思路的时间。在某个非同寻常的夜晚，他突然想通了一件事，并记录了下来："我去大众公园散了个步，就在研究所背后，想呼吸点儿新鲜空气，让自己平静下来，好准备上床睡觉。走在星空之下，我突然产生了一个想法。我们显然应当假设，大自然只是有选择地让量子力学的表述形式能够涵盖的实验结果发生而已。从数学的表达形式里也能明显看出，我们无法同时获知一个粒子的位置和速度。"[61]

海森堡发现了不确定性原理。量子力学的表述形式包含了成对的可观测量，比如粒子的位置与动量，尝试提高其中一个量的观测精确性势必会导致另一个量的精确性下降。因此，知道了一个粒子的精确位置，那我们对它的动量就会一无所知，反之亦然。这种此消彼长的关系同样适用于其他成对的可观测量，比如能量和时间。

（我在参观尼尔斯·玻尔研究所时，特意去阁楼看了海森堡住过的宿舍。建筑商已经把他的宿舍当成了存放空调设备的机房。宿舍外的浴室门上贴着一张标题为"海森堡一家"的卡通画，画里的海森堡太太说："我找不到车钥匙了。"海森堡先生回答道："你大概是太清楚它们的动量了。")

与此同时，玻尔比以往任何时候都坚信，一种被他称为"互补原理"的原理在量子力学中占有至关重要的地位。互补原理认为粒子性和波动性是现实世界的两个互补的方面，只不过我们选择性地用实验揭示了其中的一面，而且我们永远无法看到现实同时展现出这两面。玻尔认为互补原理适用范围更广，不确定性原理只是互补原理的结果和表现之一。

说到其他人，爱因斯坦对如此诠释量子力学的数学形式深感担忧，他做好了充分的准备，打算与玻尔展开一场深奥的学术探讨，一场足以决定量子力学未来的争论。爱因斯坦喜欢用构建思想实验的方式表达观点，其中就有一个涉及双缝实验，那是他在第五届国际物理学索尔维会议上提出的。

历史一直把爱因斯坦和玻尔描绘成两位针锋相对的巨人，他们用各自高深的学识和智慧猛烈地攻击彼此。但这种故事往往忽略了两位学术巨擘对彼此的敬佩以及喜爱。爱因斯坦和玻尔相识于1920年4月，地点在柏林。玻尔给爱因斯坦留下了深刻的印象，于是在当年5月，爱因斯坦从美国给玻尔写了一封信，信的开头是这样的："亲爱的玻尔先生：与您的会面是那流着奶与蜜的中立之地给予我的厚礼，它让我有了给您写这封信的天赐良机。在我的生活中，很少有人能像您一样，仅仅是出现在我面前就能让我高兴不已。我终于明白（保罗·）埃伦费斯特为什么这么喜欢您了。"[62] 玻尔在6月的回信中写道："能认识您，并同您说话，是我迄今为止最棒的人生经历之一。"[63]

这种惺惺相惜就是二人关系的基调，尽管他们对量子力学的认识存在严重分歧。

在布鲁塞尔举行的第五届索尔维会议上，爱因斯坦和玻尔以最真诚的态度向对方发起了友善的攻击。这是一场激烈的观点之争，类似的争论即便在科学界也十分罕见，它改变了我们对于自己在宇宙中应该居于何种地位的认识，也在日后被刻进了我们的文化记忆里。历史上有各种各样的争论，有的时候，持不同观点的双方相隔几个世纪，比如哥白尼，他在16世纪对希腊天文学家兼数学家托勒密认为地球位于太阳系中心的古老理论提出了质疑，哥白尼主张太阳才是太阳系的中心。有时，其中一方是孤军奋战，要靠一己之力对抗逐渐成形的新共识，比如在20世纪50年代，英国天文学家弗雷德·霍伊尔因主张宇宙稳恒态理论而逐渐陷入孤立无援的境地，而当时有越来越多的理论和证据表明宇宙起源于一次大爆炸，而且在不断地膨胀。还有些时候，参与争论的双方探讨的是科学进步本身，比如哲学家卡尔·波普尔和托马斯·库恩。爱因斯坦对现实的研究让波普尔印象深刻，他因此提出科学的进步是渐进式的：科学家为解释某种现象而提出一种理论，然后再竭尽全力对这种理论进行证伪。库恩则深受第五届索尔维会议上发生的事情的影响，他提出科学大多数时候都按照波普尔认为的方式发展，即科学家在一种被广泛认可的范式内进行研究，直到异常（也就是现有的思维方式无法解释的东西）越积越多，将科学带到危机的边缘，最终促成理论的颠覆和范式的剧烈转变。

发生在第五届索尔维会议上的争论正是推动这种范式转变的契机。玻尔、海森堡和泡利据理力争，他们的主张后来被称为量子力学的哥本哈根诠释。在他们看来，我们对现实的认知不可能超越量子力学的表述形式限定的范围。比如，我们可以问电子出现在某个位置的概率有多大，但我们不能问它是经过了怎样的路线才到达那里的，因为电子的运动轨迹并没有体现在相应的数学演算中。5年后，约翰·冯·诺伊曼改进了量子力学的数学形式，这种看待现实世界的新视角逐渐开始流行了起来。从最极端的角度看，哥本哈根诠释其实是一种反实在论：它不认为现实可以独立于人类的观察存在。更重要的是，哥本哈根诠释的支持者认为量子力学的数学形式是完备的，它涵盖了有关现实的一切，没有任何遗漏。

这种主张显然颠覆了我们原有的思维方式。在哥本哈根诠释提出之前，科学理论描述的大自然都是不依赖于我们的观察而存在的。作为一名实在论者，爱因斯坦认为量子力学的数学表述形式并不完备，它没有刻画出现实世界的全貌。

索尔维会议在位于布鲁塞尔市中心的物理研究所举行。"不过，因为所有的参会者都住在大都会酒店，所以最激烈的交锋其实都发生在酒店里那间富丽堂皇的餐厅里……众人皆知的思想实验之王爱因斯坦会在早餐时带来新的思路，挑战不确定性原理以及哥本哈根诠释广受赞誉的一致性。就着咖啡和羊角面包，爱因斯坦开始了自己的分析。吃完早饭，他和玻尔在前往物理研究所的路上继续讨论问题，两人的身后通常还跟着海森堡、泡利和埃伦费斯特。他们边走边聊，没等晨会开始就已经探讨完了各种各样的假设，梳理完了思路……在酒店吃完晚饭后，玻尔会给爱因斯坦解释为什么他今天想到的思想实验并不足以驳斥不确定性原理。每一次，爱因斯坦都找不到哥本哈根学派回应的漏洞，但哥本哈根学派的人也心知肚明，正如海森堡所说，'他的内心并不信服'。"[64]

在这场思想的较量中，有一个思想实验的内容涉及双缝实验。爱因斯坦设想了这样一种情景：一个电子先通过一条单缝，然后遇到了双缝，最后落到光屏中间的某个位置。在爱因斯坦最初的思想实验里，这条单缝可以上下移动，而双缝的位置是固定的，但后来的物理学家改变了这套装置，他们设想单缝的位置是固定的，双缝挡板在受到粒子的轰击时能上下移动。如此改动在概念上与爱因斯坦的设想无异，而且这个新版本更有助于理解。[65]

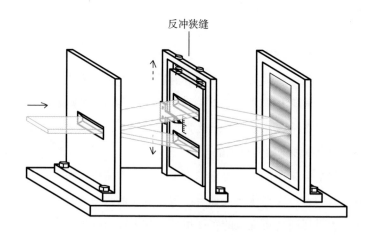

反冲狭缝

假设有一个电子，它先穿过单缝，再穿过双缝，然后落在光屏的中间。按照爱因斯坦的分析，如果这个电子是从双缝中靠下的那条狭缝穿过的，那它就必须改变运动的方向，只有以上扬的角度前进才能到达光屏的中间。这需要它对狭缝施加一个向下的推力。而如果电子是从靠上的那条狭缝穿过的，那它就会对狭缝产生一个向上的推力。因此爱因斯坦说，只要测量动量的转移情况，我们应该就能知道电子究竟穿过了哪一条狭缝。爱因斯坦想用这个思想实验说明，虽然光屏上出现的干涉图案代表电子具有波动性，但如果通过测量双缝所在挡板的动量变化，知道电子是沿着怎样的路径到达光屏的，我们依然可以证明它具有粒子性。爱因斯坦宣称，波动性和粒子性是现实的两个方面，二者可能不是互斥的，而如果量子力学的表述形式不能体现这一点，那就说明它是不完备的。

玻尔起初被打了个措手不及，但很快便提出了反驳（他还把整套实验装置画了出来，添加了很多真实的细节，比如他十分严谨地将各个装置固定在了基座上）。他指出，如果带狭缝的反冲挡板能在电子穿过时发生移动，并且我们可以精确测量转移的动量，那么我们就不可能知道狭缝的精确位置（根据海森堡的不确定性原理）。于是，我们在计算电子会落到光屏上的哪一点时，就额外多了一个狭缝的位置不确定的条件，这样一来，出现在光屏上的图案就不再是清晰的干涉条纹了。通过允许狭缝移动来确定电子究竟穿过了哪一条狭缝，这种做法破坏了电子的波动性。我们可以把电子看作粒子或者波，但不能同时把它当成粒子和波。

这当然只是一个思想实验。在不破坏粒子的前提下测量粒子的运动轨迹，20世纪20年代的技术水平还不足以完成如此精密的实验。直到将近一个世纪之后，这个思想实验的另一个版本才变成了现实。实验的结果表明，玻尔在这件事上的看法是正确的：人类的小聪明不可能愚弄大自然。（但是，查阅过玻尔手记的物理学家和历史学家却在后来指出，玻尔的论证有点儿叫人摸不着头脑，因此我们应当谨慎一些，不能贸然宣称"玻尔是对的"。但是，我们完全可以说现有的实验证据并不支持爱因斯坦对这件事的看法。）这个实验还表明，互补原理的强大似乎超出了玻尔本人的想象。

在取得这样的胜利后，玻尔和同人们开始扩展并丰富哥本哈根诠释——连同它看待大自然的反实在论视角。以双缝实验为例，哥本哈根诠释对粒子穿过整套实验装置的路径只字不提，有人甚至否定了这种路径的存在。

爱因斯坦和玻尔还将继续争论量子力学为我们揭示了怎样的现实。量子物理学是否就是现实的最终答案？描绘亚原子世界事物统计学行为的数学形式是否就是对现实世界的完备描述？还是说，还有一些隐藏的现实是数学没能涵盖的？玻尔仿佛耸了耸他那厚实的肩膀，坚称并没有什么隐藏的现实。

说到玻尔，他后来不断地用双缝实验来阐述自己的哲学观点，有时甚至因此激怒听众。一位曾与玻尔共事的年轻物理学家亨德里克·卡西米尔（Hendrik Casimir）记录了玻尔与丹麦哲学家哈拉尔·赫夫丁（Harald Høffding）和约恩·约恩森（Jørgen Jørgensen）的一次谈话。他们当时都在嘉士伯大厦（嘉士伯啤酒创始人的故居），玻尔正在讲解电子的双缝实验。有人打趣道："从源头到光屏，电子总得有条路线吧。"[66] 玻尔指出，这个问题的答案取决于每个人如何理解所谓的"存在"。约恩森恼怒地反驳道："真是见鬼了，你怎么可能用一块有两道缝的板子来概括整个哲学呢。"

　　但玻尔并不是一个口无遮拦的人。在量子领域中，"存在"究竟意味着什么呢？不同的人对这个问题的看法简直天差地别。虽然约恩森对双缝实验颇有意见，但在那些意义重大又争论不断的科学和哲学领域的分歧中，这个实验始终占据着中心的地位。

第 3 章

现实与知觉
如何只用一个光子做双缝实验

> 当电子离开原子，从薛定谔的迷雾中现身，它活像一个挣
> 脱瓶子封印的魔仆。[67]
>
> ——亚瑟·爱丁顿

在 2014 年诺贝尔奖颁奖晚宴的致辞中，化学奖得主斯特凡·黑尔（Stefan Hell）提到了 1933 年的诺贝尔奖获得者薛定谔，他记得薛定谔曾说："可以说，我们无法用单个粒子进行实验，就像动物园里不可能有恐龙。"[68]

在薛定谔做出如此评价的 81 年后，黑尔打趣说："那么，女士们，先生们，我们可以从他说的话里看出什么呢？首先，埃尔温·薛定谔永远也不可能写出《侏罗纪公园》……其次，如果你得了诺贝尔奖，你应当说点儿'这个或那个绝对不可能发生'这样的话，这会显著提高你在几十年后的诺贝尔奖颁奖晚宴上被人追忆的概率。"[69]

说起恐龙以及薛定谔对单粒子实验可行性的怀疑，我曾在其他场合听过这段往事。那是在与法国实验物理学家阿兰·阿斯佩

（Alain Aspect）见面时。阿斯佩供职的高等光学研究院位于巴黎的郊区帕莱索，他是单光子实验领域的先驱，是第一个在双缝实验里成功使用单光子光源的人。彼时的量子物理学已经走过了半个多世纪，阿斯佩的双缝实验堪称承前启后的历史性壮举，它既为过去几十年的理论研究提供了可信的实验证据，又为将来更复杂的同类实验奠定了基础。

我们见面的时间距离他公开自己的开创性研究成果已经过去了25年，此时的阿斯佩说话的架势犹如一位量子物理学界的资深发言人：一嘴带着法国口音的英语，两撇精致的灰白胡子，不禁让我想到了阿加莎·克里斯蒂笔下的大侦探赫尔克里·波洛（希望没有冒犯到阿斯佩，毕竟波洛不是法国人，而是比利时人）。

20世纪70年代初，作为法国义务兵役的一部分，阿斯佩在获得硕士学位后便去了非洲的喀麦隆支教。虽然身处喀麦隆，但他的心思一直都在物理学上。阿斯佩有一种挥之不去的感觉，他总觉得自己学习的物理学是不完整的。他接受过的所有教育，比如光学、电磁学，以及热力学，全都根植于牛顿、麦克斯韦和爱因斯坦创建的经典、连续且确定的世界。当时的他对粒子和原子所在的微观量子世界还知之甚少。阿斯佩听到别人在谈论原子如何通过释放和吸收光子，从一个能级跃迁到另一个能级，可他却不明白这是一种怎样的过程。"我意识到自己还有不少东西要学。"他说。

于是，阿斯佩去买了一本刚刚出版的新书，书名简单明了：《量子力学》。这本书后来成了广受赞誉的教科书，其中一位作者名叫克洛德·科恩–塔诺季（Claude Cohen-Tannoudji），他不仅将成为阿斯佩博士论文的导师，还在1997年获得了诺贝尔物理学奖。阿斯佩把这本书从头到尾读了一遍，或者用他自己的话说："我从第一页一口气读到了……第多少页来着，大概是1 300页吧。"他被彻底迷住了。

1974 年，回到法国的阿斯佩偶然读到了一篇发表于 10 年前的论文 [70]，这篇文章的作者约翰·贝尔是一位北爱尔兰物理学家，为 CERN（欧洲核子研究组织）工作，这家粒子物理学实验室的总部邻近瑞士日内瓦。在当时，这篇发表于 1964 年的论文根本无人问津，但文中的一个定理后来成了贝尔的代表性成就，让他声名鹊起。阿斯佩花了两个小时读完了贝尔的文章，放下论文，他自言自语道："难以置信……太惊人了。"他意识到贝尔的论文可以解开物理学家在探究现实的本质时陷入的困局，爱因斯坦和玻尔曾为这个问题争论得不可开交（也有其他人之前就意识到了这一点，但这并不影响年轻的阿斯佩认为自己有了前无古人的新发现）。

贝尔在 1964 年提出的定理使得通过实验解答爱因斯坦提出的问题成为可能，那个问题就是：是否存在某种定域隐变量，它们描述的量子性质无法在量子力学的标准表述形式中得到体现？爱因斯坦认为，只有算上这些隐藏的变量，量子力学对现实的描述才是完备的。所谓的"定域"，指的是现实中的元素之间的影响传递的速度无法超过光速：在我们的量子理论中，"定域变量"就是所有用来表征这类现实的数学成分，而顾名思义，"定域隐变量"就是同样能够表征定域现实，可是却没有出现在数学表述形式里的变量。贝尔对定域性特别感兴趣。尽管已经有物理学家依据贝尔的想法做了实验，但他们却没有得出决定性的结论。在阿斯佩看来，那些实验并没有达到贝尔定理要求的理想条件，他认为自己可以做得更好。

但阿斯佩也有自己的顾虑。比如，当时他还没有开始博士研究，这个问题是否可以作为博士论文的课题呢？为此，阿斯佩去 CERN 咨询了贝尔的建议，而贝尔向年轻的阿斯佩保证，他选这个课题准没错。不过贝尔也提醒阿斯佩，很多人把这个问题归入了"非主流物理学"的范畴。因为几乎没有人质疑量子力学的完备性，既然如此，又何必在这样的问题上费心费力呢？贝尔很担心这个法国青年的前途，他问阿斯佩是否有一份稳定的工作。"我有。是个不起眼的职位，但胜在稳定，"阿斯佩回忆起当时回答贝尔的话，"他们不能开除我，我每个月都能领取工资。"

阿斯佩一回到法国便开始筹备自己的实验，如今，我们认为这个前无古人的实验彻底驳斥了所有关于"隐藏现实"的理论。为了完成自己的壮举，阿斯佩发展出了一种可以生成单个光粒子（也就是光子）的技术，保证每次都只有一个光子被送入设备。单光子技术的实现引起了理查德·费曼的注意。1984 年，阿斯佩受邀前往加州理工学院，介绍自己验证贝尔定理的研究工作，费曼当时也在场。"一个人在讲台上宣称自己解决了一个大家认为并不存在的问题，所有人都在期待费曼把眼前这个假模假样的法国小青年杀个片甲不留。"阿斯佩说。

在报告结束后的问答环节，费曼和蔼地问阿斯佩，是否能在一个更古老、更经典的量子力学实验——费曼曾在自己的演讲里大谈特谈，称它触及了量子力学的核心奥秘的双缝实验——里使用单光子。阿斯佩的回答是，他的一个学生——菲利普·格朗吉耶（Philippe Grangier），已经在巴黎推进这个实验了。

从 1801 年杨用阳光完成实验，到量子力学发展到当时的阶段，还从来没有人用单光子完成过双缝实验。甚至在阿斯佩以前，根本没有人知道要如何才能生成单个光子并且保证整套实验装置内每时每刻都只有一个光子。"普通的光源无法实现严格的单光子发射。气体放电灯、白炽灯，甚至激光，这些光源内总是有数万亿个原子在同时发射光子，"阿斯佩说，"因此它们发出的光其实是众多光子的集合，这种光子集合的性质与我们平时所说的经典电磁波无异。"

比如，我们曾在前文介绍过杰弗里·英格拉姆·泰勒的干涉条纹实验，虽然他在实验里使用了非常微弱的光源，强度仅相当于一支在一英里外燃烧的蜡烛，但这个光源的效果依然难以同单个光子轰击感光板相提并论。泰勒利用了一种被称为"重合检测"的机制，实验中至少需要 4 个光子同时命中一个点，才能达到足以在感光板上留下痕迹的信号强度。[71]

保证光源每次都严格发射一个光子是一件非常困难的事，为了帮助你理解它有多难，我们可以设想这样的情景：你有一盏 100 瓦的灯，在距离这盏灯一米远的地方有个一厘米见方的正方形开口，现在你需要监测有多少个光子能到达这个开口。一种粗略但现成的估计认为[参考吉安卡罗·吉拉尔迪（Giancarlo Ghirardi）所著的《偷瞄一眼上帝的牌》（*Sneaking a Look at God's Cards*）[72]]，每秒钟有 2.4 亿亿个光子穿过这个面积为一平方厘米的开口。那可是 24 后面跟了整整 15 个 0 的光子啊。想要获得单个光子，绝不是靠调低电灯的瓦数或者蜡烛的亮度就能实现的，我们需要某种完全不同的技术，而阿斯佩正是这种技术的发明者。在他顺利地完成单光子的双缝实验后，经典物理学便没有了说话的份，要解释实验的结果只能靠量子力学。

虽然直到阿斯佩登场，单光子技术才成为现实，但在此之前，物理学家并不是无所事事，眼巴巴地等待实验技术的成熟，他们在用其他的粒子做实验。你还记得费曼曾经集中讨论的使用单个电子的双缝实验吗？不过他强调，这只是一种思想实验。1961—1962 年，费曼给加州理工学院的大一和大二学生开设了一系列研讨课。一年后，这些课的讲义被整理出版，一共三卷。费曼在这套书中谈到了单电子干涉："从来没有人以这种方式完成过双缝实验。难点在于，为了展示我们预期的效应，整套实验设备的尺度必须非常小，小到不可能实现的程度。"[73] 而费曼不知道的是，这个"不可能实现"的实验早在 1961 年就变成了现实——因为事发地是德国，而且实验的结果是用德语发表的。

1961 年的这个实验与蒂宾根大学的哥特弗里德·默伦施泰特（Gottfried Möllenstedt）所做的研究息息相关。默伦施泰特发明了一种独特的设备，它能将电子束一分为二，然后让它们发生干涉，类似托马斯·杨当年用一张薄薄的卡片把阳光一分为二的做法。这种设备名叫电子双棱镜，默伦施泰特是在无意中获得的灵感。20 世纪 50 年代初，在他使用电子显微镜时，有一根钨丝伸到了显微镜的物镜下。默伦施泰特注意到，如果这根钨丝上带着电，电子显微镜就会产生两幅相同的图像，仿佛出现重影一般。[74] 默伦施泰特意识到这是因为钨丝上的电荷将显微镜的电子束一分为二，所以才会形成两个一样的像。那么，如果先用带电的钨丝分割电子束，然后再让两束电子重新合并，这样做能得到干涉条纹吗？

默伦施泰特和他的学生海因里希·迪克尔（Heinrich Düker）为此开展了实验。实验需要一根极细的导线，他们起初用的是镀金的蜘蛛丝（显然，默伦施泰特"在实验室里养了很多蜘蛛正是为了这个用途"[75]）。最终，二人找到了一种给直径仅为 3 微米（作为对比，人类的头发丝直径约为 100 微米）的石英丝镀金的办法。他们在镀金石英丝的两端施加了电压，让它带上电，然后再把它横在电子束会经过的路径上。电子在靠近通电导线时发生转向，绕过导线后又重新会合。从效果上来说，这与穿过双缝无异：电子有两条路径可以选，如同有两条狭缝允许它们穿过一样。

尽管动用了"强大的光学仪器",但实验团队最初却没有看到任何条纹[76],原因是它们实在太细了,这也正是费曼一直担心的问题。不过,他们后来改用了感光板,先让感光板在电子中曝光30秒,然后用精密的光学显微镜查看,他们通过这种方法看到了"极细的干涉条纹"。这一切发生在1954年。没过多久,他们的论文便发表在了德国《自然科学》(*Naturwissenschaften*)杂志上。在那篇文章中,他们将自己看到的电子条纹比作法国物理学家奥古斯汀–让·菲涅尔当年观察到的光学条纹。杂志的编辑虽然称赞了默伦施泰特和迪克尔的工作,但他同时也提醒道:"托马斯·杨……得到干涉条纹的时间比菲涅尔早了10年。"[77]

这个研究的重要性很容易被低估。作为一种物质粒子,电子居然可以表现出象征着波动性的干涉现象。这与路易·德布罗意在1924年提出的假说不谋而合:德布罗意认为,不只光具有波粒二象性,物质也可以有。而只用一根通电的导线和一套精心调校的实验装置,凭借最终观察到的条纹,默伦施泰特和迪克尔就证实了德布罗意的物质波公式。这个公式的形式是:粒子的波长λ等于普朗克常数h除以粒子的动量p(也就是说,$\lambda = h/p$)。这个公式非常大胆:式子左边描述的是波的性质,而右边描述的却是粒子的性质。对于波粒二象性,不可能再有比这个公式更简洁的表达式了。默伦施泰特写信知会德布罗意后,德布罗意在回信中如此写道:"我……很高兴看到你为证明这个公式完成了一个全新且异常绝妙的实验。"[78]

默伦施泰特有一个名叫克劳斯·约恩松(Claus Jönsson)的年轻学生,他见证了这些实验的全过程。1961年,约恩松正式完成了电子的双缝实验,而与此同时,费曼开始在加州理工学院谈论他的思想实验。约恩松的实验报告是用德语写的,多年后才被翻译成了英语,这可以解释为什么在很长一段时间里,费曼始终认为用电子做双缝实验是不可能的。

但是此时，电子的干涉实验仍然需要靠大量的电子同时穿过双缝（或者说，绕过通电导线）。单电子实验还要再过一些时间才能变成现实，而后来有不止一个科研团队宣称自己最早攻克了这个课题：其中一个在 1974 年，另一个在 1989 年。这两个团队的实验就原理而言与默伦施泰特和迪克尔的实验非常相似，只是多了一些步骤，以确保实验装置内无论何时都只有一个电子（至于他们是否真的做到了这一点，这也正是两个团队互相不服气的地方）。

1974 年，三名意大利博洛尼亚的科学家——皮耶尔·乔治·梅利（Pier Giorgio Merli），詹弗兰科·米西罗利（GianFranco Missiroli）和朱利奥·波齐（Giulio Pozzi）在电视机的屏幕上记录到了经过双棱镜分割的电子束。[79] 想用肉眼看清电子的干涉图样，这三个意大利科学家不仅需要借助光学仪器将条纹放大数百倍，还需要研究某种"储存"技术，让到达显示器的电子"保留"数分钟，以便条纹能够形成。否则，还没等最后一个电子到达屏幕，第一个电子就已经无迹可寻了。为此，这个意大利团队用 16 毫米的胶片拍摄了一段条纹在电视屏幕上逐渐形成的影片。在 1976 年于布鲁塞尔举办的第 7 届国际科学与技术电影节上，这部影片甚至还获了奖。[80]

1989 年，日本日立公司的外村彰和同事们用极其精密的电子发射装置完成了类似的实验。[81] 外村的团队还研发了一种屏幕，可以像感光板记录光子的落点一样记录电子的落点：利用这种技术，他们每次只记录一个电子的落点，然后观察图像逐步形成的过程。如此便省去了"储存"电子的麻烦。日立公司的这支团队拍摄的电子撞击屏幕的影片（实验的实际用时为 20 分钟，但影片采取了快进的方式）是物理学迄今为止最引人入胜的短片之一。电子在荧光屏上撞出一个个亮点，乍看之下似乎毫无章法可循，但是屏幕上很快便出现了有规律的条纹，粒子的干涉现象就这样神奇地出现在了眼前。影片的流畅掩盖了实验过程的艰辛：整套设备，包括电子的发射装置和双棱镜，在整个实验过程中都必须保持极度精确和稳定的状态，哪怕几分之一微米的微小偏差都会破坏最终的干涉条纹。

10多年后，《物理世界》杂志刊登了一篇文章，庆贺单电子双缝实验被评选为物理学"最美丽的实验"。但这篇文章没有提及意大利团队在1974年所做的贡献，因而招致团队成员写信抗议。《物理世界》在收到抗议信后对文章进行了修订，增加了意大利团队的抗议信和外村的回应，后者要为日本的科研团队争取历史地位："我们相信，我们首创了能实时观察干涉图样形成过程的单电子实验，将费曼那个著名的双缝思想实验变成现实。我们要强调，在整个实验过程中，实验装置内都不可能同时存在两个或两个以上的电子。"[82]

与单电子实验的情况不同，要论谁是第一个完成单光子双缝实验的人，那答案是非常明确的。

阿斯佩和格朗吉耶在巴黎做的实验要从一块玻璃说起，这种玻璃能反射一半的入射光，并让剩下的一半光透过。其实这对玻璃来说并没有什么稀奇的，你可以想象一下坐在正在乡村的夜间飞驰的火车里的情景：当外面一片漆黑时，你会看到明亮的车厢倒映在车窗玻璃上；而当火车经过灯火通明的大楼时，透过车窗，你会看到自己的脸映在明亮的建筑上。车窗的玻璃既是一面反光镜，又是一面透镜。在实验室里，这样的玻璃被称为分束器，也叫半涂银面镜或半透明反射镜（区别是实验室使用的玻璃的光学精度比普通的车窗玻璃高得多），顾名思义，这种玻璃在实验室里的作用是将光束一分为二：反射一半的光波能量，让剩下的那一半通过。

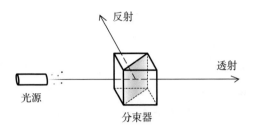

要是入射光只含有一个光子（光束的最小单位），就会出现很有意思的情况：这束光无法被分成两半。所以这个光子只能二选一，要么完全发生透射，要么全部被反射。我们在反射和透射这两条光路上分别放置光子探测器 D1 和 D2。由于单个光子只能沿其中一条光路前进，如果它发生了反射，那么 D1 探测器就会被触发，而如果发生的是透射，那么 D2 探测器就会被触发。但是无论如何，两个探测器都不可能同时被触发，这符合我们的假设：光子是最小的能量单位，无法被进一步分割。

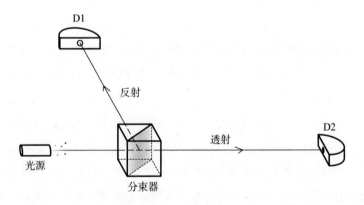

如果我们向分束器发射许多个光子，每次向分束器发射一个，那么平均而言，实验过程中有一半的时间是 D1 探测器被触发，另一半的时间是 D2 探测器被触发。这里还有一个十分关键的现象，它与我们讨论的内容会越来越相关：我们永远无法准确预测单个光子的

行为。对于每一个光子，我们只能用概率来表示最后的结果：它有 0.5 的概率触发 D1 探测器，也有 0.5 的概率触发 D2 探测器。

习惯经典物理学思维方式的人对于这种情况的第一反应往往是：我们无法预测光子的行为，肯定是因为我们没有完全掌握光子的状态，对它缺乏足够的认识。爱因斯坦起初也是这么说的，他认为还有一些不为人知的变量和因素在起作用。

以掷硬币为例，我们也会说有一半的概率是正面朝上，剩下一半的概率是反面朝上。之所以不能准确预测硬币会正面朝上还是反面朝上，是因为我们无法做到对硬币的初始状态（抛硬币的角度，抛出的速度，等等）了如指掌。只要我们知道所有的初始条件，然后将它们作为相应的变量纳入考虑，那么准确预测掷硬币的结果在理论上就是可行的。

类似的道理是否也适用于光子呢？万一原因真的是我们的数学公式没能反映光子的某些属性呢？没准儿我们只要知道了这些隐变量的数值，就能准确预测每个光子的行为呢？

隐变量的问题姑且放在一边，让我们把整套实验装置改得更有趣一些。我们在每条光路上都放置一面全反射镜，让光发生 90 度的偏折，形成两条相交且相互垂直的光路，然后同样摆上 D1 和 D2 两个探测器。此时，如果我们还是每次都只发射一个光子，并且重复成千上万次，那又会看到什么样的现象呢？

其实结果并没有什么不同。我们只是延长了光子走过的距离，其他什么都没变。因此结果依然是一半时间 D1 被触发，一半时间 D2 被触发。

再让事情变得更复杂一些，我们在两条光路相交的地方放置第二个分束器。于是光子在到达第二个分束器时又要经历一次抉择：要么发生反射，要么发生透射。

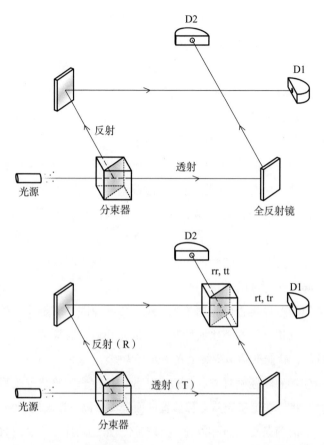

我们可以在已知的基础上对每一个进入这套装置的光子进行分析。在第一个分束器内发生反射，紧接着在第二个分束器内发生透射的光子，最后触发的是D1探测器，我们把这样的光子记作rt（r代表反射，t代表透射）。同样触发D1的还有先发生透射再发生反射的光子，我们把这种光子记作tr。也就是说，路线编号为rt和tr的两种光子最后会触发D1探测器。同样的道理，路线编号为rr和tt的光子最后将触发D2探测器。

那么，向这套装置发射10 000个光子，每次只发射一个，会发生什么呢？我们从之前的实验里得知，光子会在遇到第一个分束器时被一分为二（这里指的是对所有的光子平均而言）。因此有 5 000 个光子会走 R（反射）路径，另外 5 000 个光子则走 T（透射）路径（至于某个特定的光子究竟会往哪一边走，我们依然无法给出准确的预测）。随后在第二个分束器内，5 000 个沿 R 路径到达此处的光子又会被平分，其中应当有 2 500 个会触发 D1 探测器，有 2 500 个会触发 D2 探测器。同样的分析方法也适用于那 5 000 个走 T 路径的光子。把各种类型的光子加起来，我们便会得到一个看似简单但完美符合逻辑的结论：到达 D1 探测器的光子数量应该是 5 000 个，到达 D2 探测器的光子数量应该也是 5 000 个。

读到这里，如果你已经对量子世界的古怪习以为常，你肯定能猜上面那个结论是不对的。添加第二个分束器会对实验的结果造成非常深远的影响。如果没有第二个分束器，那么很显然，触发 D1 探测器的光子是沿 R 路径前进的，而触发 D2 探测器的光子则是沿 T 路径前进的。可是当光路上出现第二个分束器后，触发 D1 探测器的光子所走的路线既可以是 rt，也可以是 tr，而触发 D2 探测器的光子则既可以是 rr，也可以是 tt。假设 D1 被触发，我们无法区分光子走的究竟是两条路线中的哪一条，D2 同理。对于任何一个触发探测器的光子，要区分它选择了两条路径中的哪一条是不可能的。这与双缝实验的情况完全相同：一旦光子落到了光屏上，我们根本不知道应该如何确定它是从哪一条狭缝里穿过的。如果不能根据实验的设计和现象分辨出光子到底走的是哪一条路，那么在某种程度上，我们只能以数学公式为准，而数学公式告诉我们，光子同时走了两条路。说了这么多，我们来看看到底能不能弄清这 10 000 个光子究竟发生了什么。

线索就隐藏在上面那套实验装置的名字里：马赫-曾德尔干涉

仪，这是为了纪念路德维希·马赫（Ludwig Mach，物理学家恩斯特·马赫的儿子）和路德维希·曾德尔（Ludwig Zehnder）。1892年，马赫改进了曾德尔在一年前设计的一种光学实验装置（他们当时并没有想什么单粒子量子力学实验）。马赫-曾德尔干涉仪相当于一种特殊的双缝实验。光可以从两条不同的路径中任选一条（类似于从两道不同的狭缝中任选一道），并在两条光路交汇的第二个分束器内发生干涉（如果是经典的双缝干涉实验，那光发生干涉的位置就是在光屏上）。从理论上讲，只要是能用经典双缝完成的实验，就都可以在马赫-曾德尔干涉仪中完成：现代的实验物理学家如果说自己在做双缝实验，通常都是在用这种干涉仪做实验。它是实验物理学家的心头好。"这个装置更巧妙。"阿斯佩对我说。

为什么会有干涉现象？特别是当我们每次只发射一个粒子时，为什么还是会出现干涉现象？阿斯佩和格朗吉耶当初组装马赫-曾德尔干涉仪的目的正是为了研究这个令人疑惑的问题。

首先，阿斯佩和团队成员必须确保每次只有一个光子穿过他们的实验装置。他们最初的做法是用经过仔细调校的激光将钙原子激发到较高的能级。这种高能钙原子的能级总会回落到之前的水平，多余的能量以两个光子的形式被释放出来，第一个光子是绿色的，波长为551.3纳米（1纳米等于10^{-9}米），在释放绿色的光子后，钙原子几乎是立刻就释放出了第二个蓝色的光子，它的波长是422.7纳米。[83]也就是说，高能钙原子会先释放一对颜色分别是绿色和蓝色的光子，然后停顿一下，再释放绿色和蓝色的光子对，再停顿一下，如此反复。每一对光子之间都有明显的时间间隔。"很好，那我就利用这种间隔。"阿斯佩回忆道。

绿色光子的出现预示着蓝色光子即将到达，因此阿斯佩的团队就把绿色光子作为探测蓝色光子的预备信号，两者的间隔仅为几纳秒。这里最关键的一点是，在探测器检测到蓝色光子的那一刻，蓝色光子是整个实验装置内唯一的光子。"此时，装置内有两个蓝色光子的可能性几乎为零。"阿斯佩说。验证实验的第一步是直接向分束器发射蓝色光子，这时候还不需要放置第二个分束器，因此光子最终要么到达D1，要么到达D2。量子理论认为，每个光子只能触发D1探测器和D2探测器中的一个，这个阶段的实验结果与理论相符：蓝色的光子总是只触发一个探测器，而且这清晰地反映了它行进的路线。两个探测器从来不会同时被触发。光子总是以一个整体的形式运动，它的这种表现符合粒子的特征。

接下来就该验证光子的波动性了，于是团队成员在实验装置中加入了第二个分束器。这下光子的路径就无法区分了，阿斯佩和格朗吉耶随即观察到了光的干涉现象，犹如托马斯·杨当年看到的一样。

可是，在马赫–曾德尔干涉仪中观察到单光子的干涉现象究竟意味着什么呢？如果是光束，我们知道干涉条纹中的亮纹是相长干涉的结果，暗纹（没有光）是相消干涉的结果。在马赫–曾德尔干涉仪里，当两条光路的长度相同，而且我们每次只发射一个光子时，所有的光子都会触发D1探测器，没有一个会触发D2探测器。因此D1探测器相当于光的相长干涉，而D2探测器等于是相消干涉。我们之前天真地认为，10 000个光子中将有一半到达D1探测器，另一半到达D2探测器，这种分析是错误的。10 000个光子全部到了D1，没有一个到达D2。

只有把光设想成波才能解释这个实验结果。光波在遇到分束器时一分为二，一半沿干涉仪的一条臂传播，另一半沿干涉仪的另一条臂传播。如果凑近看分束器的内部结构（玻璃也是有厚度的），就会看到反射光和透射光走过的距离其实并不相同。

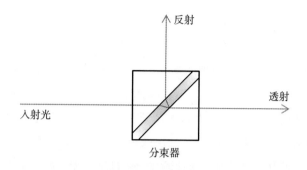

分束器

　　只要光的波长和分束器的玻璃厚度取适当的数值，我们就可以恰好让反射光比透射光落后 1/4 个波长。

　　放置第二个分束器后，发生两次反射的光（rr）会比发生两次透射的光（tt）落后整整半个波长。而 rr 和 tt 最后都会到达 D2 探测器，因此其中一道波的波峰便在 D2 与另一道波的波谷相遇。这就是相消干涉，它导致 D2 探测器内一片漆黑。

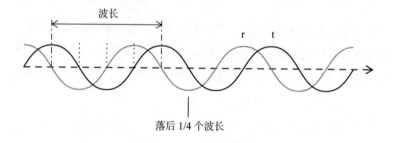

落后 1/4 个波长

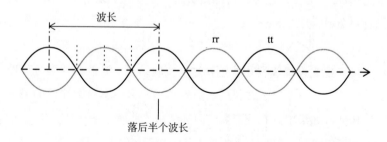

落后半个波长

用同样的方式进行分析后可知，沿rt和tr到达D1探测器的光波是同步的：两道波的波峰会同时到达D1。我们通常用"同相位"来形容同步的波。相位相同的光波会发生相长干涉，所以只有D1探测器被触发了。

对于包含无数光子、具有电磁波性质的光束而言，上面的解释相当完美：我们很容易想象有一半的光走了一条路，剩下的一半光走了另一条路，二者在交汇后发生干涉。可是当每次只发射一个光子时，实验的结果却如出一辙。我们似乎在D1探测器看到了相长干涉（10 000个光子全部到达了D1，也就是说这里是"亮纹"），在D2探测器看到了相消干涉（没有光子到达D2，这里是"暗纹"）。

这真是太奇怪了，因为发生干涉的前提是波被一分为二，然后再重新合并。难道光子也能做到这一点？在实验装置中放入第二个分束器后，每个光子似乎都被分成了两半，然后分别穿越了干涉仪的两条臂，最后重新会合。但是，这里有一个让人非常不愿面对但又不得不考虑的问题：我们都知道光子不能分割，因为它是构成光的最小单位。那究竟是什么东西穿过了干涉仪的双臂（或者经典实验里的双缝）呢？深究这个问题会让你更深刻地感受到量子世界那令人困惑的本质。

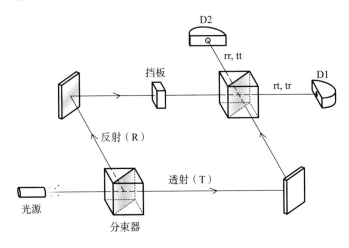

让我们说回马赫-曾德尔干涉仪，并在原版的基础上做一个小小的改动：放置一块挡板，挡住其中一条光路，阻止光子通过。我们就先阻断反射（R）光路吧，你觉得接下来会发生什么？

会发生两件事。第一，只有一半的光子能到达第二个分束器。阻断一条光路后，能够触发探测器的光子数量便减半了。

但还有一件远比这奇怪的事。如果没有这块挡板，我们知道所有离开第二个分束器的光子最后都会朝D1探测器前进。可是，加上这块挡板后，原本在到达第二个分束器时就已经减半的光子又会一分为二，一半向D1探测器前进，另一半向D2探测器前进。把挡板移到透射（T）光路上，我们会得到同样的结果。这块挡板不管在反射光路还是透射光路上，都像一个探测器：它让我们确定地知道，到达第二个分束器的光子全都是从没有被阻断的那条光路上过来的。光子的路线不再混淆不清，干涉现象也无迹可寻。光子的表现犹如实体粒子，它们兵分两路，一半到D1，一半到D2。

放置第二个分束器后，如果没有挡板阻挡光子的传播，此时每个光子表现出的行为是我们用直觉和常识无法理解的。它的状态被称为"量子叠加态"。哥伦比亚大学哲学家戴维·阿尔伯特（David Albert）在他的书《量子力学与经验》（*Quantum Mechanics and Experience*）中写道，"叠加态"这个术语"不过是我们对一种不了解的事物的代称"。[84]（前面的分析也是受到了阿尔伯特这本书的启发，但阿尔伯特在书中采用的分析方式略有不同。）

光子处于两种状态相叠加的状态，一种状态是它走过了其中一条路线，另一种状态则是它走过了另一条路线。注意这种表述有别于"光子穿过了两条光路"，或者"它只穿过了其中一条光路"，以及"它没有穿过任何一条光路"这类的说法。

"我们通常会用双缝实验来证明，总有那么一些时候，问诸如

'粒子到底穿过了哪条狭缝'之类的问题是没有意义的，"当我们在阿尔伯特位于纽约市的家中会面时，他这样对我说，"粒子穿过狭缝这件事并没有对应的事实。问粒子是从哪条狭缝穿过的（仿佛）像是在问数字 5 有没有结婚，或者天主教重多少克。哲学家通常管这样的情况叫范畴错误。"

可是不管怎么说，干涉的现象是实实在在的。那究竟是什么东西发生了干涉？干涉肯定与量子叠加态有关，至于物体如何进入以及如何脱离量子叠加态，这"很可能是自 17 世纪以来，物理科学研究中最令人感到惴惴不安的一个科学故事"，阿尔伯特写道。[85]

量子叠加态的概念让埃尔温·薛定谔和爱因斯坦感到寝食难安，因此他们想出了一些听起来有点儿残忍的思想实验，试图证明如果全盘接受现有的量子力学，那将导致我们推论出许多荒诞的宏观现实。他们的做法与哥本哈根诠释的某些关键信条产生了直接冲突。

以马赫-曾德尔干涉仪为例。根据哥本哈根诠释的数学表述形式，在任何一个探测器被触发、指示光子的到来之前，光子一直处于两种状态叠加的状态：沿其中一条光路前进和沿另一条光路前进。哥本哈根诠释称这个光子的波函数也处于两种状态叠加的状态，它们分别是波函数沿其中一条光路的演化和沿另一条光路的演化。我们可以利用波函数计算光子出现在 D1 或 D2 的概率，在两条光路长度相当的情况下，二者的概率正好是 1 和 0，而路线长度的微小改变会引起这两个概率的变化。量子力学的标准看法是，光子没有明确的位置，除非受到测量，不然波函数会一直弥散在整个空间内。正是 D1 或 D2 探测器的测量导致波函数"坍缩"成了一个确定的值：光子出现在其中一个探测器内。

测量装置是引起波函数坍缩的诱因，哥本哈根诠释通常认为

"测量装置"指的是某种宏观的经典装置。然而，它从来没有对"测量"下过确切的定义。一台测量装置的尺寸到底要多大才算是"经典"？经典和量子的界线又在哪里？类似的疑问在量子力学中被称为测量问题。

为了帮助你理解测量问题有多深刻，我们假设测量装置也具有量子性质，比如它本身就是一种能与光子发生相互作用的粒子，而且可以通过状态的变化指示光子的到来。我们如果只用量子力学的数学表述形式来分析这种情况，就会得出奇怪的结论。光子的波函数先是自顾自地演化，随后它的状态变为同时走两条路线的叠加态，最后两种状态在第二个分束器处重新相遇。接下来，波函数与测量装置发生相互作用，而此时的测量装置本身就是一种具有量子特性的粒子。所以仅从数学的层面看，最终整个体系都会陷入两种状态的叠加态：分别是光子与D1粒子相互作用，导致D1的状态发生改变，以及光子与D2粒子相互作用，使D2的状态发生改变。为了让这个体系的波函数坍缩、确定光子究竟落在了哪里，我们必须动用（所谓的）经典设备，再对实验的结果进行一次测量，以确定D1和D2的状态。

要是整套实验装置的每一个组成部分都遵从量子力学的法则，以致实验装置始终保持着量子叠加的状态，而且整个系统的波函数始终没有发生坍缩，那会怎么样？最后是否必须有人类意识的参与，这个系统的波函数才会坍缩，光子的位置才能显现？

虽然哥本哈根诠释并未诉诸人类的意识，但它却离不开经典的测量。根据该诠释的推论，波函数是充分且完备的，它可以包含一个系统的全部状态。而鉴于波函数只允许我们计算一个系统在受到检测时有多大的概率处于某种状态，而不能告诉我们其他的事实（比如光子的精确位置），哥本哈根诠释的结论是，如果不用经典的设备进行测量，那就不存在任何有意义的现实。

爱因斯坦和薛定谔都对这种反实在论观点深感不安。爱因斯坦在写给薛定谔的一封信里表达了自己的忧虑。信中提到一个思想实验，爱因斯坦设想一种火药会按照量子力学的机制自发爆炸。[86] 在一年之内，火药有一定的概率爆炸，也有一定的概率不会爆炸。哪怕开始的时候火药的波函数是明确的，也就是说火药的状态是确定的，可因为火药是一种量子系统，所以它的波函数会按照薛定谔方程演化，最终导致火药的状态变为已经爆炸和没有爆炸的叠加态。从我们对宏观世界的认识来看，这显然是荒谬的。无论我们是否观察火药，它都应该只有一种状态——要么已经爆炸，要么没有爆炸。爱因斯坦在信中对薛定谔说："无论怎样巧舌如簧，这个ψ函数（波函数）都不可能是对事物真实状态的充分描述，（因为）现实中不存在爆炸和没爆炸的中间状态。"[87]

薛定谔后来改进了这个思想实验，他的设想甚至比爱因斯坦的更异想天开。他在回复爱因斯坦的信中说："我早已不再指望用ψ函数直接描述现实了。我刚刚完成了一篇很长的论文，其中有一个例子与你提到的爆炸的火药桶非常相似。"[88] 他随即开始介绍自己的想法，详细地阐述了这个后来出现在他论文里的思想实验。

"有一只猫被关在一个钢制的箱子里，此外，箱子里还有这样一套邪恶的装置（必须保证猫碰不到它）：一个盖革计数器，里面放着极少量的放射性物质，少到每个小时可能会有一个原子发生衰变，有或者没有原子发生衰变的概率相同；倘若有原子发生衰变，（盖革）计数器被触发，那么衰变信号就会通过一种传导装置启动一把锤子，敲碎盛着氢氰酸的烧瓶。假设有人把这样一个箱子静置了一个小时，那么他可以认为箱子里的猫还活着，前提是没有原子在这段时间内发生衰变。但凡有一个原子发生衰变，猫就会被毒死。ψ函数正是用来描述这种系统的状态的，它同时涵盖了猫死和猫活两种情况，或者说赋予了猫活和猫死（请原谅我的措辞）相同的概率。"[89]

可是，猫肯定要么是死的，要么是活的，哪会有既死又活这么奇怪的状态？从直觉和常识上来说的确是这样，但标准的量子力学可不这么认为。二者矛盾的根源在于，哥本哈根诠释认为除非这个量子体系与经典体系发生相互作用，否则它的波函数会一直维持在猫死了和猫活着这两种状态的叠加态。比如，有人打开了这个钢制的箱子，亲眼看到里面的实际情况，这时整个系统的波函数会坍缩成一种确定的状态。于是，猫就有了死亡或者生存的状态。

量子力学要求我们放下怀疑，在认识现实时忍受某种违背直觉和常识的观念，只有坚持足够长的时间，才有可能体会到诡异的亚原子世界有多玄妙。比如，虽说薛定谔这个钢箱与猫的思想实验严重缺乏现实感（这是理所当然的，毕竟薛定谔本来就是为了说明量子力学可能不够完备才提出的这个例子），但它却提醒我们，在量子世界里有一点是真的：叠加态真实存在，至少在量子力学的标准视角下如此。

如果叠加态不存在，我们就无法解释单光子双缝实验里的干涉现象。在阿斯佩和格朗吉耶的马赫-曾德尔干涉仪中，每个光子都处于沿两条路线前进的叠加状态，直到它被探测到。如果从数学的角度看，马赫-曾德尔干涉仪内发生的事如下。光子沿其中一条臂前进的状态由一个波函数描述，它沿另一条臂前进的状态由另一个波函数描述。最后，整个系统的波函数是这两个波函数的线性叠加，这让我们得以计算光子到达 D1 或者 D2 的概率（$\psi_{总} = a_1\psi_{D1} + a_2\psi_{D2}$，光子出现在 D1 的概率是 a_1 的模的平方，出现在 D2 的概率是 a_2 的模的平方。因为只有这两种可能性，所以 $|a_1|^2 + |a_2|^2 = 1$。a_1 和 a_2 的实际值由干涉仪的臂长决定，两条臂的长度既可以相同，也可以略有差异）。

在量子力学发展早期，一种常见的说法是：干涉条纹之所以会出现，是因为每个粒子都和自己发生了干涉（引自保罗·狄拉克[90]）。不过用今天的眼光看，这种认识略显狭隘。更深刻的解释是，发生干涉的其实是整个体系的两种状态。以拥有两条路线的干涉仪为例，光子可以沿两条光路中的任意一条前进，它们分别对应了一种状态。要是光子的状态（或者能走的路线）不止两种，例如实验中有五道狭缝，而不是两道，那么它的叠加态就是五条光路的总和，倘若如此，光屏上出现的干涉图样会大不相同。

但无论是只有两条光路的马赫–曾德尔干涉仪，还是有五道狭缝的实验装置，量子力学的标准表述形式都导致我们不可能直观地想象每个光子具体的行进路线，因为没有计算运动轨迹的公式。量子力学的哥本哈根诠释坚持认为，光子的运动轨迹并不存在。事实上，它认为"路径"这个概念就没有意义，就像原子核周围其实也没有真的电子轨道一样。如果说实在论认为这个世界是客观存在且性质明确的，并不依赖于我们的认知，那么从这个角度来看，哥本哈根诠释确实是一种反实在论。按照它的说法，我们能够明确谈论的对象仅限于通过测量被揭示的事物，探讨除此以外的任何东西都是没有意义的。

阿斯佩仍对爱因斯坦的构想抱有希望。"我真心站在爱因斯坦的那一边，"他告诉我，"我认为真实的世界是存在的。"他的意思是他相信世界上存在不依赖观察者、实验和实验学家存在的现实。目前，阿斯佩还是愿意接受量子力学对世界的描述。"这个世界并不像很多人认为的那么简单。幸好物理学家足够机智，懂得如何用数学工具为世上发生的事寻找解释。"

20 世纪 70 年代末 80 年代初，理论物理学家约翰·惠勒强调，我们不可能在哥本哈根诠释的范畴内谈论量子系统内具体发生了什么，比如光子如何穿过马赫–曾德尔干涉仪，他还创意十足地提出了"大烟龙"的比喻。[91]惠勒设想有一条脑袋和尾巴清晰可见的龙，并且找人把它画了出来。龙的尾巴代表光子在进入干涉仪前具有无可置疑的量子状态，龙的脑袋代表光子在D1或D2探测器中被明确地检测到。可是龙的身体却被缭绕的烟雾包围，显得模糊不清，这就是"大烟龙"的意思。惠勒和同事沃纳·米勒（Warner Miller）写道："我们无从谈论这条龙的（脑袋和尾巴）中间长什么样，或者它在那里做什么。"[92]巨龙朦胧的身形指的当然就是光子穿越干涉仪的过程（前提是它真的曾经从中穿过）。

惠勒和爱因斯坦一样，也喜欢思想实验。惠勒最著名的一个思想实验正是以他的名字命名的惠勒延迟选择实验。我们已经知道了阿斯佩和格朗吉耶在1985年用马赫–曾德尔干涉仪做的单光子实验，要理解惠勒的这个思想实验就很容易了。当然，惠勒并没有真的做过这个实验，他只是提出了一种设想。

延迟选择实验令玻尔的互补原理大放异彩。玻尔曾经提出，量子体系的波动性和粒子性是我们在观察现实时的两种不可兼得的形式：采用怎样的实验装置决定了我们能够看到其中的哪一种性质，而没有任何实验可以让我们同时观察到这两种性质。玻尔宣称，如果我们非要一箭双雕（比如爱因斯坦在索尔维会议上设想的双缝实验），我们一定会因为不确定性原理而看不到干涉图样（用今天的眼光看，实际的解释比玻尔的理解更复杂）。

既然量子系统有两张面孔，那它又是在什么时候"决定"要用哪张面孔示人的呢？而且，这是一个合理的问题吗？惠勒用了一种非常戏剧化的方式来解答这个疑问。他的思想实验与马赫–曾德尔干涉仪有关，这种实验仪器在没有放置第二个分束器时可以让我们观察到光子的粒子性（D1 和 D2 被触发的时间各占一半），在放置第二个分束器后又能让我们观察到光子的波动性（装置内发生了干涉，光子触发的永远都是 D1，而不是 D2）。

下面就是惠勒提出的想法。如果我们在光子离开第一个分束器并顺利进入干涉仪之后，再决定要不要摆放第二个分束器，那会怎么样？光子在进入干涉仪后要如何才能"知道"应该做什么？毕竟当它碰上第一个分束器时，整个实验装置里还没有用于测量波动性的第二个分束器。基于我们目前的认识，此时的光子应当表现出粒子性，它会沿干涉仪中的一条臂前进。在这个光子前往 D1 或 D2 的途中，我们再加入第二个分束器，让光子的两条路线变得不可分辨。此时，这台干涉仪又变成检测光子波动性的设备了。光子会怎么办？它会不会走到一半突然决定还是应该同时走两条路，于是进入叠加态并且展现出干涉的性质？

我们也可以把顺序颠倒过来。先让光子进入放置了两个分束器的干涉仪，此时它处于沿两条臂前进的叠加状态。因为这种叠加态，所有的光子最终都会到达 D1，而不是 D2。但在光子到达之前，我们把第二个分束器撤掉。如果要论这时的光子到底在沿一条臂还是两条臂前进，那我们只能说，光子必须施展高超的软骨术，强行让自己拐到其中一条臂上，只有这样才能展现出粒子性，并最终触发 D1 或者 D2 探测器。光子仿佛拥有时间回溯的能力，能够纠正自己从前的行为。惠勒对此的形容是："我们在光子'已经走完全程之后'再决定它'是应该沿一条还是两条路线前进'。"[93]

"似乎""知道""仿佛"等特别标示或者加了引号，是为了强调我们无法用经典的概念和语言谈论量子世界，至少在量子力学的标准数学形式和哥本哈根诠释限定的框架内不行。

阿斯佩在 1985 年用单光子做双缝实验时就已经知道了惠勒的思

想实验，而且他还意识到，自己用马赫-曾德尔干涉仪设计的这个实验具备验证惠勒想法的某些必要条件。但是，"当时我并没有想过做这个实验"，阿斯佩说。

原因是延迟选择实验的技术难度要高得多。在阿斯佩最初的实验中，马赫-曾德尔干涉仪的每条臂长约为 6 米，这是从第一个分束器到任意一个探测器的距离。光子只需要大约 20 纳秒就能走完这段路程。如果想在光子进入干涉仪后欺骗它，阿斯佩的团队几乎没有时间添置或者移除第二个分束器。这似乎是一件不可能的事。

那为什么不增加每条臂的长度呢？比如让它延长到 50 米？如此一来，我们就有大约 165 纳秒的时间来搞点儿小动作了。虽说 165 纳秒的时间间隔也没有长到哪里去，但跟 20 纳秒相比还是充裕了不少的。

"我来教你一点儿关于光学的知识。"阿斯佩随即开始解释为什么单纯增加光程在 1985 年并不可行。他们当时使用的单光子光源不是点状的。换句话说，光子不是从一个点，而是从一个直径比点大得多的小孔里发射出来的。光学实验经常需要用透镜引导光子向探测器的方向前进。如果光源不是点状的，射出的光就会发散，发散的问题越严重，实验所需的透镜就越大，直到遭遇成本和技术的瓶颈。"6 米就已经很难了，因为我用的不是点状光源，所幸我还勉强能应付，"阿斯佩说，"但 50 米就绝无可能了。"那需要直径长达数米的透镜。

阿斯佩等了 20 年，才等到实验技术进步到能够让他完全按惠勒原本的设想完成延迟选择实验的水平。在此期间，许多别的研究团队采用了"曲线救国"的方式，可阿斯佩希望牢牢把握这个实验的本质，不给拐弯抹角的解释留下空间。"2005 年，我认为实验技术已经足够成熟，是时候用非常接近惠勒设想的方式（进行）实验了。"他说。

2005 年，阿斯佩有了非常精密的点状光源，所以他造了一台臂长达到 48 米的干涉仪[94]：这个光程长度让他们在光子离开第一个分束器后有足够的时间间隔添加或移除第二个分束器。

而他们观察到的实验结果是，光子不会被愚弄。只要没有第二个分束器，光子就表现出粒子性，否则就表现出波动性，这与第二个分束器是什么时候放入的没有任何关系。

对于我们为什么无法同时观察到波动性和粒子性，玻尔和爱因斯坦曾争论不休。玻尔当时断言，是"观察"这个行为以某种方式干扰了实验设备，致使干涉条纹消失。他认为互补原理是由不确定性原理造成的结果。

但延迟选择实验却显示，互补原理才是更深层的原理，很可能连玻尔自己都没有意识到这一点。在阿斯佩于 2005 年所做的实验中（实验的结果发表于 2007 年 2 月），第一个分束器和第二个分束器之间的距离很远，发生在第二个分束器的事件不可能跨越这个距离，对光子产生影响。如果用狭义相对论的话来说，发生在这两个位置的事件之间是"类空间隔"，因此不存在测量会引起干扰的问题。也就是说，我们在实验装置的出口附近做任何事都不会影响到光子。尽管如此，光子却依旧能合乎时宜地展露自己的面孔。

"玻尔说，测量决定了你能观察到什么……这句话不应该从字面（的方式）理解。它的内涵要更微妙一些。"阿斯佩说。

至于有多微妙，我们可以在另一个更大胆的延迟选择实验里看得一清二楚，它就是所谓的延迟选择量子擦除实验。这个名字是为了将它与惠勒设想的原版实验区分开来，二者的差别在实验装置的选择上，原版实验的第二个分束器是一种经典的宏观设备，它只能要么有要么无。如果这个实验不仅能让我们延迟选择是查看光子的粒子性还是波动性，还能让我们撤销已经做出的选择，那又会发生什么呢？光子会怎么做？

　　为了理解延迟选择量子擦除实验，我们需要往前追溯，重提爱因斯坦对量子物理学的反对。在爱因斯坦所有与狭义和广义相对论以及光电效应有关的论文中，被引用的次数最多的是1935年的一项研究[95]，它指出了量子系统的一种诡异性质（爱因斯坦后来把这种性质称为"幽灵般的超距作用"）。薛定谔也在同一年发现了这种性质，并将它命名为"纠缠"。如果说单个粒子表现出的量子叠加态是量子力学抛给物理学家的第一个谜题，那么涉及两个或两个以上粒子的量子纠缠就更让他们百思不得其解了。而对于爱因斯坦来说，量子纠缠更是让他感到无比困扰。阿斯佩将它引发的物理学的后续发展（包括比惠勒的思想实验更精妙的双缝实验变体）称作第二次量子革命。"（这场革命）与物理学家意识到量子纠缠是一种截然不同的现象息息相关。"他说。

第 4 章

———

神圣经文的启示
揭秘幽灵般的超距作用

非定域性迫使我们拓展用于探讨大自然内在本质的概念。[96]

——尼古拉斯·吉辛（Nicolas Gisin）

　　蒂姆·莫德林（Tim Maudlin）仍然清楚地记得那种奇异的感受。那已经是 30 多年前的事了，他在大四的时候读到了《科学美国人》上的一篇文章，题目叫《量子理论与现实》，作者是理论物理学家伯纳德·德帕尼亚（Bernard d'Espagnat）。那篇文章还有一个相当冗长的副标题："认为这个世界是由独立于人类意识的客观事物构成的信条与量子力学以及由实验推论出的事实不符"。整篇文章包含将近 15 页的文字、公式和插图，相当难读。但莫德林仔细阅读了全文，并大受震撼。"后来我的室友说，他们觉得事情不对劲，因为我当时……拿着本杂志，不停地在房间里绕圈子。"莫德林说，此时的他已经是纽约大学的科学哲学家了。他的公寓位于纽约市，我们坐在他家的客厅里，屋里的陈设非常朴素，有一面墙上挂着一幅裱起来的印刷品，作者是克罗地亚艺术家达尼诺·博日奇（Danino Bozic），这幅画也是莫德林的书《物理学中的形而上学》（*The Metaphysics within Physics*）的封面。两尊瘦瘦高高的木头雕像（出自坦桑尼亚的尼扬韦齐人之手）立在客厅的角落。就在这简朴而有格调的氛围里，莫德林的思绪回到了德帕尼亚当年的那篇文章。他说自己如今对德帕尼亚写的某些内容有不同的看法，但当年还是个学生的他在读到这篇文章时只想着，"你可以明显地看出（量子力学）有很多奇怪的地方，实验的结果确凿无疑，而这种感觉挥之不去"。

发表在《科学美国人》上的这篇文章还详细地阐述了约翰·贝尔 1964 年的论文，正是那篇论文启发了阿兰·阿斯佩，让他试图用实验解决爱因斯坦和玻尔的论战。德帕尼亚的文章认为，爱因斯坦的观点（体现在他的相对论里）与量子力学的观点之间存在分歧，而只要阿斯佩能够完成贝尔定理的验证实验，这些分歧自然就会有定论。爱因斯坦比任何人都更早意识到自己的理论与量子力学之间存在冲突。

在 1927 年的索尔维会议上，爱因斯坦用一个粒子穿过光屏上的小孔的过程阐明了自己的观点。他以惯有的谦逊作为开场，"首先要为我在量子力学领域的学艺不精而道歉"。[97] 随后，爱因斯坦又以他标志性的洞察力，对困扰自己的问题做了机智而精妙的分析。根据量子力学的表述形式，这个粒子的波函数会穿过小孔、发生衍射，然后呈半圆形的球面弥散，而我们可以计算粒子出现在半球面上任何一个位置的概率。那么，我们假设在小孔之外的某个地方有一个粒子探测器，这等于说，弥散的波函数会因为受到测量而在探测器所在的地方发生坍缩。如果我们认为波函数完备地描述了粒子的状态，而且它描述的就是实际发生的情况（不是只挑我们知道的现实，无视我们不知道的东西），那么情况似乎就变成了：原本弥散的粒子现在被局限在了一个特定的位置。爱因斯坦指出，倘若如此，这种位置的固定化，或者说粒子明确出现在某个位置的情况，必须与这个粒子无可置疑地从其他所有位置消失同时发生。[98] 而这违背了定域性原理。定域性原理是指一件发生在某个时空区域里的事无法以超过光速的速度影响发生在另一个时空区域里的事。但按照上面的思路，波函数的坍缩却是瞬间发生的，它显然是非定域性的。尽管那时量子力学才刚刚起步，但爱因斯坦已经意识到，这种代表两个事件能够同步发生的非定域性（至少表面上如此）与他的狭义相对论相冲突。

爱因斯坦后来又和两位同事一起提出了一种更有影响力的分析方式。但让爱因斯坦感到懊恼的是，世人得知这项分析的渠道并非常见的科学讨论，而是《纽约时报》上一则八卦性质的报道。

1935 年 5 月 4 日，《纽约时报》刊登了题为《爱因斯坦攻击量子理论》的头条新闻。[99] 按照《纽约时报》的说法，爱因斯坦和两个年轻的合作者——鲍里斯·波多尔斯基以及内森·罗森——指出，量子力学并不完备，还需要进一步完善。

爱因斯坦事后才发现，在《物理评论》刊载他们论文的大约两周前，波多尔斯基就把这件事泄露了出去。他对《纽约时报》抱怨道："我谴责世俗媒体这种抢发（科学）事务的做法。"[100]（几十年后，这番话引来了物理学家戴维·默明的嘲弄："如果《纽约时报》是世俗媒体，那《物理评论》肯定就是宗教的神圣经文了。"[101]）

尽管引起了这些风波，但这篇出版于 1935 年 5 月 15 日、全文篇幅仅 4 页的简洁论文[102] 却渐渐引发了地震，它的余波直到今天都在不停地撼动着量子物理学。这篇文章在学界被称为"EPR 论文"（缩写来自爱因斯坦、波多尔斯基、罗森姓氏的首字母），它的灵感来自爱因斯坦和罗森在一次茶歇中的谈话，他们当时谈论了两个粒子在发生相互作用后的量子状态。[103] 事实证明，在发生相互作用之后，两个粒子的状态便无法再用各自的波函数描述了，它们只能作为一个整体，共用一个波函数。在这种情况下，两个粒子的关系被称为"纠缠"。爱因斯坦认为，纠缠粒子正好可以支持量子理论并不完备的观点。虽然在第五届索尔维会议上，爱因斯坦似乎成了玻尔的手下败将，并让哥本哈根诠释占了上风，但他没有一蹶不振，仍旧努力击败玻尔。

EPR论文的论证过程基于一个核心假设，即现实世界具有定域性。这听起来很像是一种常识，但爱因斯坦用了整个广义相对论才把定域性阐述清楚。在爱因斯坦之前，牛顿认为引力的作用是瞬间完成的，他没有认真考虑定域性。按照牛顿的引力理论，如果太阳因为某种原因突然消失了，那么地球会在第一时间感受到引力场的变化。而根据爱因斯坦的广义相对论，引力是质量造成的时空弯曲（类似于把一个沉重的球放在一张绷紧的橡皮垫上，球把橡皮垫压出了一个坑），而且时空曲率发生的任何变化都只能以光速扩散。所以，如果太阳真的消失了，那么地球要过8分钟才会感受到引力的变化。对爱因斯坦的相对论来说，定域性是一个不可或缺的概念。

除了定域性，另一个倍受爱因斯坦珍视的东西是"实在论"的思想，它在这篇论文里也有明确的体现，文章开头的几句话是这么说的："任何对物理理论的严肃思考都必须考虑到理论与客观现实之间的区别，后者独立于任何理论以及构成这些理论的物理学概念存在。这些概念只能尽可能贴近客观现实，它们是我们为自己描绘现实的手段。"

在爱因斯坦看来，现实世界的存在与我们是否观察没有关系。

实在论对物理学理论的看法可以用一句话概括：它认为理论中的变量应当对应于真正的物理现实。从这个角度上来说，一个理论是否完备取决于它是否拥有足够多反映物理现实的变量（比如代表一个粒子位置和动量的变量，只要有了这两个变量，我们就可以计算粒子的运动轨迹，如果它有运动轨迹的话）。

事实上，EPR论文用来论证量子力学不完备的方法之一就是一个有些复杂的思想实验，它要求我们测量纠缠粒子的位置和动量。16年后的1951年，物理学家戴维·博姆（David Bohm）将用一个相对更简单的思想实验阐释EPR的论点。[104] 事后看来，博姆的想法更巧妙，也更容易理解。

想象有一个自旋为零的粒子衰变成了两个完全相同且相互远离的粒子。根据角动量守恒定律，这两个粒子肯定会朝相反的方向自旋，只有这样，二者的角动量之和才能为零。假设两个粒子（我们称它们为A和B）沿着水平的X轴相背而行（以这本书所在的平面为准，相当于左右移动），量子力学称这两个粒子的自旋处于纠缠的状态。

我们先看粒子A。如果要测量A在X轴上的自旋，那我们事先能预测的仅仅是每一种结果出现的概率。自旋的方向有两种，要么是上，要么是下。无论在Y轴上（还是以这本书的平面为准，相当于上下）、在Z轴上（相当于里外），还是在任何方向上测量粒子的自旋，这一点都是一样的。

换作粒子B，如果我们只测量它的自旋，那么无论是哪个方向上的自旋，情况都和粒子A大同小异。没有任何手段可以让我们准确预测这种测量的结果。

下面就是让爱因斯坦感到困扰的地方了。A和B处于纠缠的状态，因此，如果我们测量了A在X轴方向的自旋，得到的结果是自旋朝上，那么量子力学的数学形式告诉我们，B在X轴方向的自旋肯定朝下。我们不需要实际测量就可以知道结果，如果你非要眼见为实，就会发现测量的结果一定会是这样。只要我们测量的是两个粒子在同一个方向上的自旋，比如都是X轴的方向，那么在测量A之后，B 的自旋就没有悬念了，反之亦然。我们对粒子 A 施加的作用仿佛瞬间影响了粒子 B，这是一种非常明显的非定域性。

EPR 论证的基础是定域性，所以它认为这种非定域性影响不可能存在。以此为前提，EPR 对我们能够准确预测粒子 B 的自旋状态做出了下面这番解释："假设我们能用一种绝对不会干扰系统的方式，准确地（比如以百分之百的概率）预测某个物理量的值，那就应当存在某种物理现实，与这个物理量相对应。"[105]

测量粒子 A 正是这样一种方式。如果现实世界具有定域性，那我们在粒子 A 所在的位置无论做什么都不会干扰粒子 B。可实际上，不管 A 和 B 相距多远，我们都能在第一时间准确预测粒子 B 的自旋值。因此，粒子 B 肯定是在我们测量 A 之前就已经有了这个值。而如果某种性质的值不依赖于测量，那我们就可以用一个变量来代表这种性质。你是不是已经看出一些端倪了？量子力学有的仅仅是一个波函数，它只能告诉我们每一种测量结果出现的概率有多大。除此之外，量子力学不包含任何隐藏的变量［比如粒子的位置。代表粒子位置的变量竟然被称为隐藏变量（简称隐变量），贝尔曾写道："这真是一件由来已久的蠢事"[106]］。

EPR 论文最后得意扬扬地总结道，"波函数对物理现实的描述是不完备的"。可他们也没有解释完备的理论应该是什么样的，仅仅是说："但是我们相信，完备的理论是存在的。"

所有试图通过添加额外的变量来完善波函数的理论后来都被统称为隐变量理论。EPR 论文最具讽刺意义的地方是，就在几年前的 1932 年，约翰·冯·诺伊曼刚刚有模有样地证明，任何能像量子理论一样在实验领域取得如此成功的理论都不可能含有隐变量。看到冯·诺伊曼的证明，那些拜倒在哥本哈根诠释门下的人别提有多高兴了。

这样的人实在是太多了，以至于喧闹的声音淹没了一位哲学家不一样的声音。格雷特·赫尔曼（Grete Hermann）是德国哲学家，而且是埃米·诺特"第一个，也是唯一一个女博士生"[107]。诺特在数学界颇有威望，她的研究对奠定现代物理学的基础意义重大。赫尔曼广泛涉猎哲学和数学，在这两个领域里如鱼得水。1935 年，她在某个德语期刊上发表了一篇论文，指出冯·诺伊曼的证明是错误的。"通过仔细梳理冯·诺伊曼的证明可以发现……他在论证中采用的一个前提假设等价于他想要证明的结论，"她写道，"因此，这是一个循环论证。"[108]

据称，就连爱因斯坦也在 1938 年前后评论过赫尔曼指出的前提假设："我们凭什么相信它是对的呢？"[109] 当然，彼时爱因斯坦的公众形象已经发生改变，他越来越像一个把实在论、定域性，有时甚至是决定论当成宝的怪老头。但平心而论，缺少决定论并没有让爱因斯坦特别烦恼。"上帝不掷骰子"这句话被流行文化滥用，歪曲了他在这个问题上的立场。20 世纪 20 年代初，爱因斯坦确实曾对量子世界的不确定性表达过担忧，称这种想法"不可容忍"，并说如果事实如此，那么他"宁愿做个鞋匠，甚至干脆去赌场打工，也不想当物理学家"。[110] 但随着量子力学逐渐成熟，爱因斯坦放下了对非决定论的抵触。他愿意接受非决定论也反映了现实的某个层面，但反实在论和非定域性则另当别论。无论如何，随着爱因斯坦越来越老，年青一代很容易对他的观点感到不屑。

至于为什么赫尔曼的研究没有受到过广泛的关注，原因一直不甚明了。她把论文发表在一本晦涩的德语哲学期刊上当然无助于观点的传播，但这不可能是唯一的原因，因为海森堡以及海森堡的同事都读过她的文章。或许是他们更倾向于自己的观点，因此忽视了赫尔曼这篇文章的重要意义。政治立场应该也有一定的影响。哲学家帕特里夏·希普利（Patricia Shipley）认为也可能与当时的性别歧

视问题有关，但她补充道："就算真的跟性别有关，我也不认为性别歧视是最主要的原因，它应该只是个次要原因。" [111]

1951 年，戴维·博姆重新阐述了爱因斯坦在 EPR 论文中的论点，提出了一个更简洁的思想实验。一年后的 1952 年，他成功构建了一种隐变量理论，直接推翻了冯·诺伊曼的证明。约翰·贝尔在几十年后说："1952 年，我见证了不可能成为可能。" [112] 贝尔指的是博姆用他的表述形式正面挑战了冯·诺伊曼的不可能证明。

1988 年，在接受科学及科幻杂志《奥秘》（Omni）的采访时，贝尔的措辞非常尖锐："冯·诺伊曼的证明，只要稍稍一用力，就会在你的手里分崩离析！它毫无价值。岂止有瑕疵，简直是没脑子。你看看它的假设，根本就站不住脚。这是一个数学家做的研究，可他竟然把数学上的对称性用在了假设和结论上。从物理学的角度看，它们没有任何意义……冯·诺伊曼的证明不仅错误，而且很愚蠢。" [113]

贝尔对冯·诺伊曼的证明不以为然，但受博姆和爱因斯坦的启发，他想到了一种利用 EPR 论证来检验量子力学的方法。拜这个想法所赐，贝尔在 1964 年发表的论文中提出了后来用他的名字命名的定理。

下面要介绍的就是一种基于贝尔定理的实验。它是博姆为 EPR 论文设想的思想实验的一个变体，但在思想上更接近实验学家（比如像阿斯佩这样的人）的做法。这个实验用的是光子，涉及光的偏振性质。

我们已经知道，光其实是一种电磁波，所以它应该由一个振荡电场和一个振荡磁场构成。电场的振荡方向与光的传播方向不同，而"偏振"描绘的正是电场所在的平面与光的传播方向有怎样的关系。举个例子，假设光正沿着 X 轴方向（以你手里的这本书为参照，X 轴相当于左和右）前进，那么它的电场可以在 XY 平面内振荡（上下振荡，这种情况可以被称为竖直偏振），也可以在 XZ 平面内振荡

（内外振荡，这种情况叫水平偏振）。不过，光的偏振并不是只有竖直和水平这两种情况：振荡电场所在的平面可以与竖直方向呈任意角度（也就是所谓的偏振角度）。不仅如此，在光向前传播的过程中，偏振角度既可以保持不变，也可以不停地改变。作为电磁波的脉冲形式，单个光子同样具有偏振性。

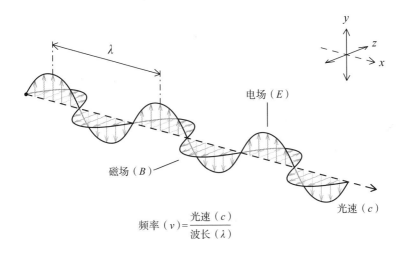

$$频率（v）= \frac{光速（c）}{波长（\lambda）}$$

　　假设有一个光源生成一对光子，它们的移动方向相反，它们的偏振状态相互纠缠，并分别朝两个观察者飞去。其中一个观察者爱丽丝将在A或者B两个方向之一测量光子的偏振。量子力学告诉我们，无论她选择测量的偏振方向是什么，最后的答案都不会超出"是"和"否"的范畴。同样，鲍勃也定好两个偏振方向，比如C或D，然后选择其中之一对光子进行测量。这两个人会不断重复这个过程，测量很多来自光源的光子对。

　　这个实验的关键是，爱丽丝和鲍勃必须独立完成各自的测量，不能向对方透露自己测量的偏振方向。

　　如果光源发射的光子对没有处于纠缠态，那么爱丽丝的测量结果与鲍勃的测量结果就没有任何关联，两者是完全随机的关系。

但我们知道这些光子对是相互纠缠的，而且量子力学告诉我们，这两个光子可以用同一个波函数描绘（仅就它们的偏振状态而言）。因此，对于某一个光子对，如果爱丽丝在测量其中一个光子的偏振方向时得到了肯定的答案，我们就可以准确地预测，只要鲍勃也测量了跟爱丽丝一样的偏振方向，那么他就一定会得到否定的答案，反过来也一样。

下面就轮到贝尔定理登场了。当爱丽丝和鲍勃在测量光子的过程中选择了不同的偏振方向时，贝尔假设爱因斯坦的主张（量子力学需要一种遵循定域性原理的隐变量理论）是正确的，计算了二人测量结果的相关性。这里的相关性衡量的是爱丽丝和鲍勃会得到多少次矛盾的答案。

贝尔的计算表明，如果爱因斯坦是正确的，那么两个测量结果的相关性就应该小于或者等于某个值（因此贝尔定理也被称为贝尔不等式）。具体而言，贝尔指出，如果量子力学是正确的，即爱丽丝对光子偏振方向的测量确实能够瞬间影响鲍勃测量的光子（反之亦然），那么二人测量结果的相关性就应该超过上面所说的那个值，导致不等式不成立。倘若如此，那量子世界显然就不具有定域性。

贝尔提出这个定理后不久，实验学家就开始着手验证贝尔不等式。虽然这类实验跟双缝实验没有什么关系，但他们的发现对我们认识双缝实验的奥秘产生了巨大的影响。最早尝试用实验验证贝尔定理的知名人物包括加州大学伯克利分校的斯图尔特·弗里德曼（Stuart Freedman）和约翰·克劳泽（John Clauser）、哈佛大学的理查德·霍尔特（Richard Holt）和弗朗西斯·皮普金（Francis Pipkin），以及得克萨斯农工大学的爱德华·弗里（Edward Fry）和兰德尔·汤普森（Randall Thompson）。截至 1976 年，一共有 7 个验证贝尔定理的实验顺利完成，尽管其中有两个实验的结果对量子力学不利（贝尔不等式始终成立），但量子力学的正确性已然成为物理学界的共识。现实世界的根基似乎是非定域性的。

就是在这个时候，年轻的阿斯佩开始崭露头角。他意识到已有的实验并未满足贝尔设想的理想条件：对于每对纠缠光子的测量，必须保证二人的测量是类空间隔事件（只有这样才能确保大自然无法通过某种我们不知道的机制以超过光速的速度传递信息，让爱丽丝和鲍勃得知对方的测量参数）。这意味着测量设备的参数选择（也就是决定测量哪个方向的偏振，比如爱丽丝选择A或B，鲍勃选择C或D）都是两个观察者临时决定的，更确切地说，应该是在光子从光源飞向探测器的过程中才敲定的。

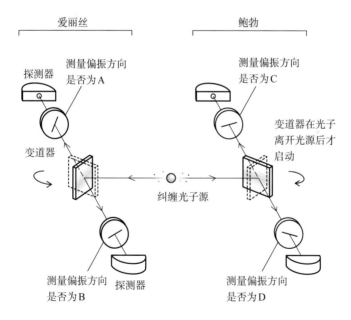

另一个难题是"如何打造一个能够稳定输出纠缠光子的光源，保证每秒都有足够多的纠缠光子对生成"，阿斯佩告诉我说，"归根

结底，所有实验的成败都取决于信噪比"。

前文已经说过，阿斯佩成功造出了符合要求的光源（他后来在单光子双缝实验中使用了同样的技术）。"我花了5年时间。1980年，我已经有了非常好用的纠缠光子光源。那是当时世界上最好的纠缠光源，"他说，"克劳泽需要用一天，弗里需要用一个小时才能做到的事，我只要一分钟就够了。"

凭借大量的统计数据，同时保证爱丽丝和鲍勃的测量是类空间隔事件，阿斯佩的实验结果明确显示：贝尔不等式在量子力学下不成立。即便如此，我们仍然可以从某些刁钻或者说吹毛求疵的角度找出某种办法，来论证爱丽丝的测量行为能够影响鲍勃的测量设备（反之亦然），但只有钻牛角尖的纯粹主义者才会如此执着。对绝大多数物理学家来说，阿斯佩的实验已经足以说明问题了。这个实验的成功使阿斯佩成为到处演讲的明星（他也因此遇到了费曼）。"这让我有机会宣扬贝尔定理，这其实非常重要，而且贝尔不等式的确是不成立的，这说明纠缠现象里有某种东西，它超越了我们以往对于世界是如何运行的全部认识。"阿斯佩说。

这个东西就是非定域性。爱因斯坦希望建立一种符合定域性和实在论的隐变量理论，这样的结果无疑是给他当头浇了一盆凉水。但爱因斯坦没能活着看到这些实验，所以我们不知道当他看到越来越多认可标准量子力学的人开始意识到现实具有非定域性时，究竟会做何反应。他曾在1947年3月3日写给马克斯·玻恩的信里说："它（量子理论）始终不能令我信服，因为物理学应当反映时间和空间中的现实，而不是某种幽灵般的超距作用。这个理论与这种想法格格不入。"[114] 1955年，爱因斯坦去世。

从蒂姆·莫德林的公寓能够俯瞰纽约市绿化最好的广场之一，

在两尊高高的尼扬韦齐雕像的注视下，莫德林解释了为什么量子纠缠和非定域性的证实会让双缝实验变得比当初的波粒二象性更耐人寻味。他用双手模拟了波函数一分为二的过程，其中一部分穿过一条狭缝，剩下的部分穿过另一条狭缝。随着这两个部分从狭缝的另一侧向外弥散，它们各自演化，互不干扰，直到最终发生干涉。为了计算粒子在离开双缝后出现在某个位置的概率，我们需要把两个波函数进行线性叠加。假设这个复合波函数落到了一块感光板上，也就是粒子击中了感光板上的某个点：它变成了定域的事件。但是在感光板其他所有概率不为零的光子落点上，却没有任何事情发生——这些全都是同时的非定域性事件。

"是不是很让人疑惑？"莫德林说。

一个粒子接一个粒子不断重复相同的过程，感光板上就会出现干涉图样。对双缝实验的标准分析通常会强调，这种图样象征着量子力学的神秘。从某种程度上来说确实是这样。粒子在感光板上撞出的每一个亮点都反映出两种特性：首先是非定域性，（波函数？）同时穿过两条狭缝；然后，非定域性让粒子出现在感光板的某个点上，并瞬间从所有其他的位置消失。

但对莫德林来说，双缝实验的神秘更多体现在当人们试图探测粒子究竟穿过了哪条狭缝的时候。这种行为会导致干涉图样消失，可它为什么会消失呢？因为用来探测粒子的体系与粒子本身形成了纠缠。"薛定谔曾说，量子纠缠是量子力学真正的独特之处，"莫德林说，"由此看来，真正（令人感到意外）的量子力学效应应该是干涉现象的消失。"

双缝实验体现的不只是被费曼称为"中心谜题"的波粒二象性，还有量子纠缠。自从物理学家认可了这一点，众多经过改良的双缝实验便开始涌现，引导我们逐步深入神秘的量子世界。延迟选择量子擦除实验正是其中之一。

第 5 章

擦除，还是不擦除

山顶实验带我们逼近真相

这些实验彻底辱没了我们对空间和时间的传统认识。当一件事发生之后，在相距很远的另一个地方发生的另一件事，却对我们描述的前一件事至关重要。无论从哪种经典的视角（也就是常识）看，这都，怎么说呢，太疯狂了。当然，这也正是关键所在：经典的认识方式在量子宇宙里是错误的。[115]

——布赖恩·格林

实验量子物理学家钟爱实验台和严格受控的环境，可量子力学中某些最引人入胜的实验却是在加那利群岛（位于非洲西北沿海的群岛）的群山之巅完成的，这些实验因而显得格外不同寻常。在天气晴朗的日子里，你可以从拉帕尔马岛海拔 2 400 米的最高峰穆查丘斯峰上望向碧蓝的大西洋，直接看到群岛中的最大岛——特内里费岛上的火山尖，两地相隔约 144 千米。不过，这里的实验只能在太阳下山后、月亮还没升起、夜空中只有漫天繁星的时段进行。在伸手不见五指的黑暗中，将光子一个一个射向特内里费岛的泰德峰，在那里，漆黑的山头上有一架经过校准的望远镜，对准了拉帕尔马岛上的光子发射器。

这些实验背后的推手是奥地利物理学家安东·蔡林格（Anton Zeilinger）。他和阿兰·阿斯佩是同行，二人活跃在相同的年代，均是思路清晰的实验学家（由于贡献突出，在 2010 年，他们和约翰·克劳泽一起被授予沃尔夫物理学奖 [116]）。然而，蔡林格和阿斯佩对量子物理学诠释的观点却天差地别。我们已经在前面的章节里看到，阿斯佩是个倾向于认同爱因斯坦的实在论者，而蔡林格则站在玻尔那一边。

"量子力学能告诉我们的全部，就是所有测量结果的概率分布。"他对我说。他们对贝尔不等式的验证（蔡林格的团队对阿斯佩开创性的实验进行了改进，他们的实验版本更复杂一些）表明，并不存在任何被量子力学遗漏的定域性的隐藏现实。在支持哥本哈根诠释的人看来，量子力学之所以用概率表示每种结果出现的可能性，背后的原因与经典物理学不同。经典物理学用概率表示结果是因为缺少必要的信息，比如我们无法在所知有限的情况下准确预测掷色子的结果。但哥本哈根诠释的支持者认为，概率是量子力学的本质。

"这太不可思议了。"蔡林格评价道。我们会面的地点是他的办公室，位于奥地利维也纳的玻尔兹曼巷，就在我们见面的几天之前，我刚刚在巴黎见过阿斯佩。蔡林格的办公室距离多瑙运河不远，位于多瑙河的一条支流旁，周边充满了历史气息。最显而易见的当然是这条街的名字——玻尔兹曼巷，这是为了纪念路德维希·玻尔兹曼，他不仅是 19 世纪末期物理学的忠实拥趸，而且是提出气体动力理论和统计力学（两者都与概率论密不可分）的关键人物。埃尔温·薛定谔国际数学物理研究所与蔡林格的办公室只隔几个门牌号。这个研究所是 1996 年才搬迁到玻尔兹曼巷的，它的旧址是薛定谔的故居 [117]，位于数百米之外的巴斯德巷上，巴斯德巷的名字则是为了纪念路易·巴斯德。有人可能会觉得科学，尤其是物理学，在这片区域内的影响力有些过于大了，其实附近还有西格蒙德·弗洛伊德和施特劳斯家族的纪念博物馆，都只需要步行大约 10 分钟就能到。

这么说来，蔡林格那天是在一条为纪念将概率引入经典物理学的那个人而得名的街道上，对概率在量子力学中扮演的角色表达了惊叹。"怎么会这样呢？怎么会只有概率分布，却没有与这些概率相对应的东西？"

话音未落，他又立马说道："因为概率本身就是现实，没有东西与它对应。这种概率的背后并没有隐藏的现实……就是概率，仅此而已。"然后他补充说，自己很可能是一个"非实在论者"，但他讨厌贴标签。"这种分类方式太蠢了。"他说。

尽管他的观点与爱因斯坦相悖，但对于爱因斯坦给量子物理学带来的巨大影响，蔡林格依旧满怀崇敬。"有的人会贬低爱因斯坦的贡献，这是错误的。"蔡林格说。人们在提到爱因斯坦时总是只强调他对量子力学那些违背经典常识的方面感到忧心忡忡。可实际上，爱因斯坦所做的远不止于此。"有些人说，爱因斯坦对这些东西指指点点是因为他不懂量子力学，但并非如此。"蔡林格说，爱因斯坦这么做恰恰是因为他很懂量子力学。蔡林格想过爱因斯坦会对他们的实验发表怎样的看法。"我想听听他的评价，为了这个，我愿意付出巨大的代价。"他说。蔡林格的脸上露出了淡淡的微笑，他说他想问爱因斯坦："你肯定能看懂我们的结果，你有什么看法？"

鉴于爱因斯坦非常喜欢到瑞士的阿尔卑斯山区徒步（1913 年，在玛丽·居里和居里女儿们的陪同下，他徒步穿越了海拔将近 1 800 米的马洛亚山口[118]），所以我们可以肯定，他至少会对到山顶上去做实验的想法很感兴趣。其中一项实验尤为精巧，蔡林格和他的团队改进了经典的双缝实验，使它同时涉及两个让爱因斯坦坚持认为量子理论并不完备的量子性质：波粒二象性和非定域性。这个实验的探寻脉络可以追溯到一个思想实验，提出那个思想实验的物理学家人送外号"量子牛仔"，因为他既是探究现实本质的学术先锋，又是养殖肉牛的一把好手。[119]

美国内战期间，一个名叫罗伯特·P.索尔特（Robert P. Salter）的联邦政府官员在位于休斯敦和达拉斯两地中点的地方经营着一个棉花农场，他用种棉花的收入为军队购置枪械。如今，马兰·斯库利（Marlan Scully）在这座极富历史意义的农场上研究可持续农业。当被问到一个量子物理学家为什么要去种地时，斯库利的回答从来都是："我喜欢种地并不奇怪，我对量子物理学感兴趣才奇怪。"[120] 斯库利在偏远的怀俄明州长大，后来和一个出身于务农家庭的女孩结了婚。

斯库利的研究生是在耶鲁大学念的。那时候，他每天都像跟屁虫一样缠着著名实验物理学家威利斯·兰姆。"我就是个从怀俄明州来的傻小子，根本没想到耶鲁大学的这位诺贝尔物理学奖得主并不是为我一个人服务的。"[121] 兰姆总是愿意花时间指导他。获得博士学位后，斯库利留在了耶鲁大学当讲师。没过两年，他就去了麻省理工学院，随后很快又去了亚利桑那大学。10年后，在新墨西哥大学任职的斯库利与远在德国慕尼黑的博士后凯·德吕尔（Kai Drühl）合作，共同提出了量子物理学中最著名的思想实验之一——量子擦除。

斯库利在电话访谈中对我说，"相比杨的（双缝）实验，量子擦除在质量上、概念上和精巧性上都更胜一筹"。但就内核而言，量子擦除实验依然是双缝实验的一种变体，只是更复杂和精巧而已。

斯库利和德吕尔抓住了爱因斯坦和玻尔争论中的一个关键点：实验本身是否会干扰量子体系，导致测量的结果表现出互补性。在与爱因斯坦探讨量子力学的早期阶段，玻尔曾提出正是不确定性原理导致了我们无法同时看到现实的波动性和粒子性。经典的测量方式过于粗糙和笨拙，用这种方式永远只能测出其中一种性质，而不确定性原理是这一切的幕后推手。但阿斯佩通过将惠勒设想的延迟选择实验变成现实，证明了即使我们排除测量设备（也就是不确定性原理）的干扰，量子体系的互补性也不会消失。互补原理比之前人们认为的更加深刻。而斯库利和德吕尔想做的研究把这个问题再次推向了新的深度。

他们设想在不干扰粒子的情况下，收集关于它从哪条狭缝中穿过的信息。我们让粒子按照原本的方式行动，但它还是会留下某种信息，反映自己究竟穿过了哪一条狭缝。可是根据量子力学，只要有这种反映行迹的信息，粒子的干涉图样就会消失。斯库利和德吕尔可能觉得这种现象还不够令人疑惑，所以他们提出了一个更深奥的问题：要是我们把这种信息擦除会怎么样？干涉图样会因此重现吗？

他们试图用这个思想实验完善量子物理学对测量的定义。20世纪30年代，约翰·冯·诺伊曼为量子力学建立了严谨的数学表述形式（他正是在同一本书里证伪了隐变量理论）。在数学表述形式所基于的公理中，测量占有核心地位：它会导致波函数坍缩。可是没有人给出测量的确切定义。以玻尔为例，他仅仅是把这个世界分成了宏观和微观两部分，设备是"宏观"的，而它们检测的对象是"微观"的。经典世界与量子世界的界线完全是模糊的，从冯·诺伊曼的表述形式里根本看不出分界线在哪里。

然而，我们在实际应用这种理论的时候却实实在在地感受到了量子和经典世界之间的界线。一个量子体系可以用波函数描述，它的演化遵循薛定谔方程，而一旦受到测量，波函数就突然坍缩。波函数的坍缩与波函数的演化遵循不同的法则。实际上应该说，我们不知道波函数的坍缩遵循怎样的法则。"坍缩"只是一种临时的叫法，用来指代对量子体系进行测量而产生的后果。它形容的过程是：粒子在受到测量时，原本由多种状态组合而成的叠加态变成了明确的单一状态。究竟是什么因素决定了这种坍缩在何时以及如何发生呢？

尤金·维格纳曾试图回答这个问题，有人说他的结论是合乎逻辑的。维格纳是诺贝尔物理学奖得主，20 世纪 30 年代的中前期，他还和冯·诺伊曼一起在普林斯顿大学做过同事。维格纳在仔细分析了冯·诺伊曼提出的表述形式后认为，量子力学的法则并没有在量子世界和经典世界之间划清界限。所有的事物，包括量子体系、测量设备等，都应该遵循相同的法则演化。维格纳由此推论，唯有人类的意识才是引起波函数坍缩的原因。他提出，当一个具有意识的观察者做出感知的举动时，波函数的演化便宣告终结。维格纳在 1961 年写道："量子力学的诞生将微观现象纳入了物理学理论的版图，这让意识的概念再次进入人们的视野：我们不可能在排除意识的前提下构建出完全自洽的量子力学法则。"[122] 不过到了 1970 年，维格纳的想法发生了转变，他开始质疑自己从前对于意识在波函数的坍缩中所扮演的角色的说法。[123]

今天的物理学家几乎不会把维格纳的观点当回事。斯库利和德吕尔也是如此，他们不关心意识，也不在乎它扮演了什么角色，他们只想知道测量更准确的含义以及坍缩的本质。他们提出的问题之一是，测量本身是否也可以具有量子性。如果可以，那么测量设备也会按照薛定谔方程演化。只要测量设备的波函数不发生坍缩，我们就可以设法逆转它的演化，达到撤销测量的效果。"我们提出并分析了一种实验，观察者将获得某种事后可以被'擦除'的信息，而这种信息的擦除将导致这个实验的结果发生实质性的改变。"[124]

他们设计的思想实验是为了表明，理论上我们可以使用纠缠粒子对，利用其中一个粒子的状态获取另一个粒子在双缝实验中的路径信息。只要观察者能够获取粒子走了哪条路径的信息，那光子在穿过双缝后就不会形成干涉图样。可是斯库利和德吕尔指出，一旦这种信息被擦除，观察者就能重新看到干涉现象。1982 年，两人发表了关于量子擦除的论文。

1995 年，蔡林格及其同事已经完成了量子擦除的一种变体实验[125]，还有其他几个科研团队也做了同样的努力，但所有这些实验都与斯库利和德吕尔构想的思想实验有差距。斯库利最终亲自出马，他和马里兰大学巴尔的摩分校的金允浩（Kim Yoon-Ho，音译）联手，在同事们的协助下，以最接近当初设想的方式完成了实验，并于 2000 年 1 月发表了实验的结果。[126]

实验采用的光源是一种原子，它可以在受到脉冲激光的照射后释放成对的纠缠光子。想象有两个这样的原子 A 和 B，每个原子都释放一对光子。通过实验设置，我们让每个纠缠光子对里的一个光子射向一块光屏。姑且就把这个飞向光屏的光子称为"系统"光子吧。A 和 B 各释放一个系统光子，两个原子被并排放置，效果相当于两个系统光子穿过两道狭缝。所以我们这里所说的双缝其实是一种假想的等效双缝，它实际上并不存在，除了光屏之外，剩下的实验装置就只有两个发射系统光子的原子。如果我们只考虑系统光子，并且没有任何额外的信息（暂时忽略另一个纠缠光子），那么系统光子就会在光屏上形成干涉图样。这是因为所有落到光屏上的系统光子都有两种可能的来源，要么来自原子 A，要么来自原子 B，或者换句话说，要么来自这道狭缝，要么来自那道狭缝（假设我们无从得知光子是由哪一个原子释放的）。

而事实上，我们手里的信息可不止这些。原子每释放一个系统光子，都会朝相反的方向释放另一个光子，我们就称之为"环境"光子吧，它与系统光子是相互纠缠的。环境光子包含的信息可以指示系统光子来源于哪一个原子（或者说系统光子从哪一条狭缝穿过）。于是，实验的关键就成了设法保留或者擦除环境光子携带的信息，同时观察这种做法会对光屏上的系统光子产生怎样的影响。它会表现出波动性还是粒子性呢？

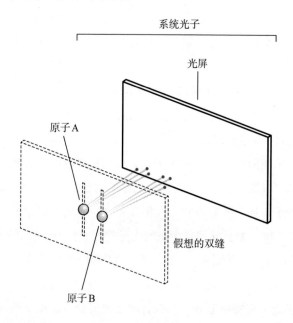

以原子A释放的一对光子为例。系统光子飞向右侧的光屏，它的落点被感光板记录了下来。与此同时，环境光子飞向了放置在左侧的一连串分束器，它们的功能是保留或擦除光子携带的路径信息。环境光子首先到达的是分束器A。在这里，光子要么透射并飞向探测器D3，要么被反射并转向第二个分束器，然后再次面临二选一：它要么被反射到达D1，要么透射到达D2。同样的道理，原子B释放的环境光子也有三种可能的结果，分别是到达D1、D2和D4。

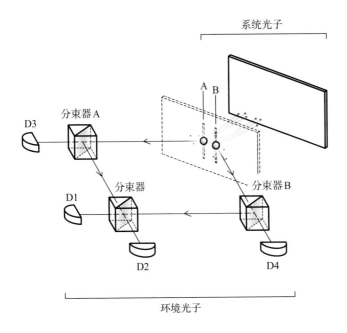

显然，只有来自原子（狭缝）A 的环境光子能够到达 D3 探测器，因此，有环境光子触发 D3 这件事就隐含着系统光子的路径信息（注意，我们不需要对系统光子施加任何形式的物理干扰就能获得这个信息）。同样，只要 D4 探测器被触发，我们就知道相应的系统光子来自原子（狭缝）B。

可是如果环境光子在分束器 A 或分束器 B 中发生反射，然后经过共同的中央分束器，最终触发探测器 D1 或 D2，我们就无法分辨它到底是从原子（狭缝）A 还是从原子（狭缝）B 来的了，因为两种来源的环境光子都可以触发这两个探测器。在这种情况下，系统光子的路径信息就被擦除了。

那么现在，假设我们用许多对光子进行了实验，并且逐一记录了系统光子在光屏上的落点以及环境光子触发探测器的情况。如果我们只考虑触发了探测器 D3 和探测器 D4 的环境光子，只看与它们对应的系统光子在感光板上的位置，就会发现后者形成的不是干涉图样。因为我们明确知道这些光子是从哪一条狭缝里穿过的，所以这些光子表现出的是粒子性。

但如果只考虑触发了探测器D1的环境光子，只看与它们对应的系统光子落到了哪里，奇怪的事情就出现了：我们会看到干涉条纹。换成只考虑触发探测器D2的环境光子也一样。触发探测器D1或D2擦除了光子的路径信息，导致我们不知道击中感光板的系统光子究竟来自左边还是右边的狭缝。一旦光子的路径无法区分，叠加态和干涉现象就出现了。

关于擦除实验，最令人惊异的事实之一是：擦除路径信息这个动作不仅可以延迟发生，而且无论延迟多少时间都没有关系。通常而言，实验中的系统光子几乎是瞬间击中光屏，它的落点随即被记录下来。而环境光子却不然，我们可以让它们飞行很长的距离，乃至数千米，然后穿过各种各样的分束器，最后再触发探测器。如果我们在所有环境光子仍处于飞行状态的时候对所有系统光子的落点进行分析，就不会看到干涉的现象（因为从理论上说，我们此时仍有可能获取光子的路径信息）。

不过，一旦飞行的环境光子碰上分束器或者最后的探测器，此时再对系统光子的落点进行有选择性的二次分析，我们就会发现完全不同的结果。如果只挑选触发探测器D3或探测器D4的环境光子以及与它们对应的系统光子，我们就不会看到干涉图样。但如果只挑触发探测器D1或探测器D2的环境光子（相当于路径信息被擦除的光子）以及相应的系统光子，我们就会看到干涉图样。这些干涉条纹原本就是这样的吗？还是在环境光子到达分束器或探测器后才变过来的？

系统光子会耐心等到环境光子的状态尘埃落定之后再决定自己

应该怎么做——这简直是一种幻想理论，所以没人觉得有必要告诉一帮奥地利的物理学家。就在斯库利和金允浩完成实验的10多年后，蔡林格及其同事决定在拉帕尔马岛和特内里费岛的山巅验证这种幻想。

蔡林格的研究团队完成的延迟选择量子擦除实验是所有双缝实验的变体中最复杂精妙的版本之一。鲁珀特·乌尔辛（Rupert Ursin）曾是蔡林格的学生，如今已成为该团队的资深成员，据他回忆，当年从维也纳到加那利群岛要坐7个小时的飞机。他们携带了重约2/3吨的装备。对习惯了免签跨国旅行的欧洲人来说，带着这些装备过拉帕尔马岛的海关可不是件轻松的事。"你相信吗，加那利群岛居然不属于欧盟。"乌尔辛对我说，语气里隐隐有些恼火。事实上，加那利群岛是西班牙的一个自治区，那里设置海关主要是出于税务原因。

研究团队请了一家物流公司，将所有的设备运到穆查丘斯峰的山顶，科学家准备在那里完成一个极其精密的实验。他们开始紧密合作。"你最好在（这种）实验开始之前跟所有人搞好关系，因为等到实验结束的时候，你会对每一个人都恨得牙痒痒。"乌尔辛说。

这个实验的基本原理与我们在前面介绍的擦除实验大同小异，但实操的细节可谓大相径庭。实验的装置被布设在两个相距很远的地点：分别在拉帕尔马岛的高山上和特内里费岛的泰德峰附近，无论是栖息在当地的乌鸦还是实验中的光子，往返这两个地方都需要飞越144千米。大部分的实验装备都在拉帕尔马岛，其中包括一个能发射纠缠光子的光源。

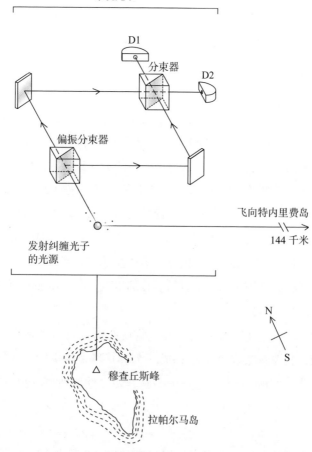

系统光子

D1

分束器

D2

偏振分束器

飞向特内里费岛

144 千米

发射纠缠光子
的光源

N

S

穆查丘斯峰

拉帕尔马岛

　　在我们介绍的上一个实验中，两个原子的摆放很有讲究，这是
为了让射出的系统光子等效于穿过了双缝，而环境光子则带着系统
光子的路径信息，朝相反的方向飞去，这种路径信息可以指示系统
光子究竟穿过了哪一条（假想的）狭缝。加那利群岛的实验只用了
一个发射纠缠光子对的光源。它每次发射一个系统光子和一个环境
光子，系统光子射向一台位于拉帕尔马岛的马赫-曾德尔干涉仪，并

立即触发探测器D1或探测器D2。这台干涉仪里的第一个分束器与我们到目前为止见过的所有分束器都不太一样：它不是随机地把光子送向两个方向，而是严格按照光子的偏振方向决定它会去哪里。比如，水平偏振的光子朝一个方向，而竖直偏振的光子则朝另一个方向（在这个实验里，研究人员还要对穿过偏振分束器的光子做更细致的后续处理，但我们可以略过这些内容）。也就是说，我们只要知道了一个光子的偏振方向，就等于知道了它走过的是干涉仪的哪一条臂。

与系统光子相互纠缠的环境光子则会被射向特内里费岛上的一架望远镜。每一对系统光子和环境光子的偏振状态都处于纠缠态，所以我们可以根据环境光子的偏振方向知道拉帕尔马岛上的系统光子在干涉仪内走的是哪一条路线。或者我们也可以抹掉环境光子的偏振信息，这相当于擦除了系统光子的路径信息。这个步骤就是所谓的"量子擦除"。

之所以叫"延迟选择"，是因为是否要擦除系统光子的路径信息是在环境光子抵达特内里费岛后才决定的。这个时间点远远迟于系统光子在拉帕尔马岛被检测到的时间，或者说远比系统光子表面上展现出波动性或粒子性的时间要晚。

为了在拉帕尔马岛上精确控制干涉仪的两臂长度，研究团队利用了压电晶体的振动。哪怕是在温度受到严格控制的大学地下实验室里，这种精确的臂长控制技术也相当难以实现，能在位于穆查丘斯峰山顶的实验室里做到这一点堪称壮举。说是实验室，其实只是一个钢制的集装箱，山上的风力很强，昼夜的温差很大。"想在海拔2 500米的山顶小屋里让这样一台干涉仪稳定地工作可不是一件容易的事，"乌尔辛说，"环境条件实在谈不上理想。"

乌尔辛的同事马小松也是蔡林格当时的学生，他回忆起山上发生的一件事：有人仅仅是开了一下集装箱的门，声波的振动就导致干涉图样发生了变化。那他们要怎样才能保证实验台稳定，不受噪声的干扰呢？"要毫无遗漏，不能有一点儿疏忽，"马小松告诉我，"哪怕是呼吸或者在实验室里走动的声音，都会……（破坏）干涉现象。"

还好群岛附近有数不清的沙滩，这一定程度上缓解了众人在山顶实验室工作的压力。团队的成员一般通宵工作，在日出时分上床休息，睡上几个小时，然后前往海滩享受午后时光。我问乌尔辛他们最常去哪一个海滩，"每一个都经常去。"他不假思索地回答道。不过，他们在特内里费岛上倒是有两个偏爱的去处：一个是特雷西塔海滩，海滩上的沙子都是从撒哈拉沙漠运来的，由于海上的防波堤，这个人造海滩成为一片棕榈树摇曳、风平浪静的休闲胜地；一个是埃尔博柳略海滩，风格正好相反，它是岛上最漂亮的纯天然海滩之一。

但大家都必须在日落前赶回山顶，开始新一轮的通宵实验。

把环境光子从拉帕尔马岛射向特内里费岛，并在特内里费岛探测它们是非常困难的事。研究人员需要在几乎完全黑暗的环境下完成光源和望远镜的校准工作。这是因为，虽然系统光子和环境光子的纠缠态不会被光学设备（包括透镜、反射镜等）破坏，但它绝无可能在月光下保全，更不用提阳光了。来自月亮的光子会在环境光子飞向特内里费岛的途中与其发生相互作用，破坏它与系统光子形成的纠缠态。所以研究人员只能在漆黑的夜晚进行实验，唯有头顶的星星相伴。

为了能在特内里费岛的泰德天文台接收到光子，研究团队动用了欧洲空间局光学地面站的望远镜。这架望远镜的镜面直径为 1 米，通常被用于卫星通信。近乎完全黑暗的环境是必要的。有一次，乌尔辛的同事站在位于拉帕尔马岛的光源旁边抽烟，烟头火星发出的红外光子让特内里费岛的接收器彻底饱和，完全掩盖了环境光子那微弱的信号。

如此精密的实验在大自然摧枯拉朽的力量面前简直不堪一击：来自撒哈拉的沙尘暴让研究团队如临大敌。从撒哈拉刮来的风暴夹带着细密的沙尘，遮天蔽日。风暴来时哪怕正常的视野都会被遮蔽，要在这样的能见度下做单光子实验根本是痴人说梦，实验只能在静谧的夜晚进行。

不过只要天气晴朗，特内里费岛上的望远镜就能在黑夜的掩护下接收到光子。光子抵达后，研究人员就该选择到底是保留还是擦除它的路径信息了。擦除或不擦除由量子随机数生成器的输出结果决定。

如果输出结果是 0，那么研究人员就不会干预环境光子的偏振状态，它可以保留与拉帕尔马岛上的系统光子有关的路径信息。随后，环境光子要穿过偏振分束器，水平偏振的光子最终触发探测器 D3，竖直偏振的光子则触发探测器 D4。因为量子纠缠，我们知道对应的系统光子具有相反的偏振状态，由此便知道了它在拉帕尔马岛上走的是哪条路线。

但如果随机数生成器输出的结果是 1，研究人员就会将环境光子原本的偏振状态连同它包含的路径信息一起抹除。于是，环境光子有一半的概率会触发探测器 D3，也有一半的概率会触发探测器 D4。研究人员现在不知道它原本是水平偏振还是竖直偏振，因此也无法推断拉帕尔马岛上对应的系统光子究竟走了哪条路线。

这个实验最令人困惑的地方在于，当特内里费岛上的研究人员对环境光子进行测量时（选择擦除或者保留它的路径信息），拉帕尔马岛上对应的系统光子早就已经穿过马赫-曾德尔干涉仪并触发探测

环境光子

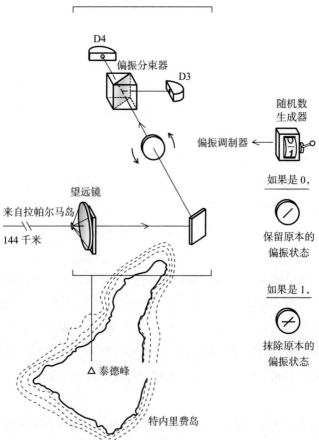

器D1或者探测器D2了，前者比后者晚了大约0.5毫秒（对光来说，这个时间间隔堪比永恒）。根据狭义相对论，在特内里费岛和拉帕尔马岛上发生的事应当没有因果关系。但量子力学却不敢苟同：它认为那只在传统的时空观里才成立。

我们已经触及了这个实验的核心。这个精巧又复杂的双缝实验涵盖了量子力学所有神秘的特点：随机性、波粒二象性，甚至还有纠缠。

对于没有受到实验人员干预的环境光子，我们如果把拉帕尔马岛上对应的系统光子（它们有的触发了探测器D1，也有的触发了探测器D2）挑出来，就会发现它们没有发生干涉，这些光子表现出了粒子性：当干涉仪的两臂长度相同时，触发D1和D2的系统光子各占一半（实验人员以微小且连续的幅度调整了其中一条臂的长度，这种操作导致触发探测器D1和探测器D2的光子数量发生了改变，但我们可以不用管这个细节）。

而对于路径信息在到达特内里费岛后被抹除的环境光子，拉帕尔马岛上对应的系统光子则表现出了波动性：当干涉仪的臂长相同时，所有的系统光子都触发了探测器D1，没有一个光子击中探测器D2。

我们有必要再次强调以下这一点：研究人员在拉帕尔马岛上测量每个系统光子的时间都比他们在特内里费岛上测量相应的环境光子的时间早0.5毫秒。换句话说，系统光子的测量结果早就"落袋为安"了。我们要到事后才会发现，其中一部分系统光子最终表现出了粒子性（它们只能沿干涉仪中的一条臂前进），而另一部分系统光子则表现出了波动性（它们具有同时沿两条臂前进的叠加状态）。不仅如此，由于是否擦除光子的路径信息取决于特内里费岛上的量子随机数生成器输出的结果，因此，如果我们多次重复同一个实验，那么每次发生干涉的光子是哪些，这个问题的答案是不固定的。

对于难以接受量子力学标准理论的人，这个实验简直匪夷所思。首先，互补原理无法被绕开；其次，量子纠缠，或者说幽灵般的超距作用，以及与此密切相关的非定域性，似乎都是真实存在的现象。再加上贝尔不等式已经得到了证明，如果量子力学是完备的，那么这些似乎都表示超光速（比光更快的）信号是存在的。否则，研究人员在特内里费岛上的行为不可能影响到拉帕尔马岛上的测量结果。

不过，这里还有一个更为深刻的原理。量子力学不仅要求我们摒弃三维空间内的定域性，它还要求我们放弃时间的概念。我们的常识认为，发生在特内里费岛上的事相对更晚，对系统光子的测量早在环境光子到达特内里费岛之前就彻底完成了，可即便如此，特内里费岛上发生的事却依旧影响了拉帕尔马岛上的测量结果。

人类的语言在这时候显得异常无力，"这里和那里"，"过去和未来"，类似的说法犹如隔靴搔痒。

我问乌尔辛，这些结果是否会促使他思考量子力学的诠释——很多人都曾尝试用除哥本哈根诠释之外的方式来理解现实最基本的层面。可惜，乌尔辛只对设法将古怪的量子力学应用于技术感兴趣。诠释是老顽固干的事。"我属于年轻一代，是量子物理学的新生代，"他说，"只有满头白发的人会对你的这个问题感兴趣，而我的白头发还不够多。"

不过，并不是只有今天的物理学家才会这么想。哪怕是在尼尔斯·玻尔生活的时代，当玻尔执意深究现实的本质时，周围年轻的物理学家（当然，除了海森堡和泡利）都对这个问题漠不关心。丹麦物理学家克里斯蒂安·默勒（Christian Møller）曾当过尼尔斯·玻尔的助手，他说："虽然有关这些东西的讨论我们听了成百上千次，而且我们也确实对它们感兴趣，但我不认为……我们中会有人花大量的时间研究它们……年轻人更愿意研究定义明确的课题。我的意思是玻尔想研究的问题太宽泛了，几乎可以说是个哲学问题。"[127]

乌尔辛说的话还让我想起了约翰·惠勒在一篇论文里写的内容。他引用了格特鲁德·斯泰因（Gertrude Stein，这个引用很可能是错误的）对现代艺术的评价："起初，它看起来很奇怪，然后还是很奇怪，最后依然很奇怪，可是突然有一天，你就见怪不怪了，并且忘了当初为什么会觉得它很奇怪。"[128] 对于在神秘的量子力学中成长起来的新生代物理学家，"怪异"或许已经成了家常便饭。

不过，与乌尔辛同时代的马小松却有哲学层面的思考。尽管他并不排斥哥本哈根诠释，但他希望实验能给我们带来更好的诠释。"我希望量子力学能有一种比哥本哈根诠释更符合直觉的诠释形式。"他对我说。马小松已经回到了中国，正在为进一步揭示量子世界的奥秘设计更为精巧的实验。

对马小松和与他想法相似的人来说，惠勒自己说过的一句话就是最好的安慰："量子和宇宙之间的关系仍未有定论，这个故事还有下文。我们可以确信，只有认识到宇宙有多怪异时，我们才会明白它有多简单。"[129]

认为波函数会发生坍缩是哥本哈根诠释的核心信条之一，从表面上看，坍缩的发生是因为我们用经典设备对量子体系进行了测量。这种测量被认为是不可逆的，这意味着量子世界和经典世界之间存在某种分界。量子擦除实验迫使我们反思"测量"（以及"坍缩"）的概念、它的构成要素，以及量子-经典分界线是否真的存在。

以加那利群岛实验中的环境光子为例，它包含了系统光子穿越干涉仪时的路径信息。在特内里费岛上测量环境光子需要用到硅制的雪崩光电二极管，这种元件能把单个光子的信号转化成数十亿个电子的电信号。科学家称，系统和环境光子对的波函数正是在这个时间点上发生坍缩的。

不过，由于至今没有任何实验揭示过坍缩过程实际的物理变化，所以我们不清楚坍缩究竟是什么意思。我们在实验中所做的仅仅是测量以及预测各种结果出现的可能性，如果某种概率在相同的实验中得到了反复的验证，我们就认为这些实验对象发生了坍缩。但它真的发生了吗？

当环境光子还在飞行的途中时，量子力学不会说系统光子发生了坍缩。可是就理论而言，我们当然可以主张坍缩已经发生了，因为只要环境光子携带着可以被提取的路径信息，系统光子就会表现出粒子性。这里唯一的特殊之处仅仅是波函数的坍缩能被逆转，因为环境光子本身也具有量子属性。我们可以擦除环境光子的路径信息，借此复原波函数坍缩的过程。

光电二极管对环境光子的测量导致路径信息与数十亿电子形成了纠缠，而要逆转所有电子的量子状态是不可能的。这么看来，测量的过程的确透露着一种坍缩的意味。

但是，如果设想这样一种情景：环境光子只与一个原子发生相互作用，并将它携带的信息以能量状态的形式留在这个原子里。如果一直让这个原子保持孤立的状态，那它就是一个量子对象。理论上它的状态可以逆转，导致路径信息被擦除，进而撤销已经发生的坍缩。那为什么我们不能把环境光子与这个原子发生相互作用的过程当成波函数坍缩的临界点呢？这是因为在这种用单原子进行测量的特殊情况里，测量的结果是可逆的。

"如果我把实验里的宏观探测器换成一种微观的（探测器），而且我们知道应该如何通过物理手段逆转它的演化过程，那你就可以证明坍缩其实并不存在，'哦，瞧啊，根本没有坍缩这回事'。"当我和埃弗莱姆·斯坦伯格（Aephraim Steinberg）在多伦多大学见面时，他这样对我说："这就是量子擦除实验想做的事。"斯坦伯格是一位受人敬仰的实验物理学家，他对量子力学的理论研究和哲学内涵抱有同样的兴趣。如果环境光子携带的路径信息真的导致系统光子的波函数发生了坍缩，那么干涉现象无论如何都不会重新出现。但我们在量子擦除实验里却做到了这一点。

只有一种方法可以验证量子体系是否真的发生了不可逆转的坍

缩，那就是对量子力学认定是坍缩的过程进行实验。比如在光子撞上光电二极管并引起电子的雪崩击穿之后逆转这个过程——我们需要用某种方法擦除所有电子携带的路径信息，然后看干涉条纹是否会重新出现在光屏上。

只有干涉现象不再出现，我们才能理直气壮地说波函数确实发生了坍缩。但这样的实验不仅过去没有人做过，未来也不太可能成为现实，因为它需要通过逆转宏观体系的演化来看干涉现象的变化，要做到这一点几乎是不可能的：其难度犹如复原一个打好的鸡蛋。

因此，我们要么说坍缩有可能会发生，但我们受限于技术水平，无法验证坍缩是否对干涉造成了不可逆的影响，要么就只能说波函数会一直遵循薛定谔方程演化下去（这里的波函数就不只涉及系统光子和环境光子了，它还要考虑数十亿个纠缠电子的状态），而如果是这样，那就不存在真正意义上的坍缩。

这些都是哥本哈根诠释没有解决的关键难题，事实上，它们也是量子力学的标准形式面临的主要困境。测量的要素是什么？经典世界与量子世界的分界线在哪里？"波函数坍缩"到底是什么意思？量子力学的表述形式里还有另一个更基础的问题亟待解决：波函数是真实存在的吗？它是否具有哲学家们常说的那种符合"本体论"的实在？

列夫·韦德曼（Lev Vaidman）仍记得他在 1991 年认识阿夫沙洛姆·伊利泽（Avshalom Elitzur）时的情景。当时的韦德曼正在特拉维夫大学工作，既要做研究，又要给高中生上课，他称自己在那个"没有前途"的职位上干了 5 年。伊利泽和韦德曼一样，都是 30 多岁，但伊利泽没有读完高中，他自学了许多东西，其中就包括量子物理学（在他今天的简历里，"教育程度"下面只有两个条目，其中一个是"自我教育")。伊利泽在没有高中、本科和研究生文凭的情况下成了科学哲学专业的学生，他在念书期间主动找上了韦德曼，并向后者提出了一个严肃的问题：在不与物体发生相互作用的前提下，我们可以利用量子力学把这个物体找出来吗？

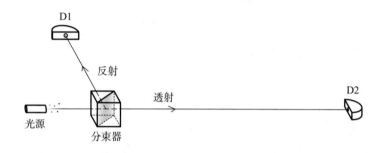

伊利泽和韦德曼在经过研究后认为，答案是肯定的。至于背后的原理，最早是德国物理学家毛里蒂乌斯·伦宁格（Mauritius Renninger）在1960年发现的。[130]

假设有一个发射单光子的光源正对着一台分束器，它射出的光子最终将到达探测器D1或者探测器D2。但与我们在前面见过的马赫-曾德尔干涉仪不同，这台干涉仪的两臂长度并不相同：D2的位置比D1远很多，如果光子到达探测器D1需要1秒钟，那它到达D2就需要5秒钟。根据量子力学的说法，除非光子在D1或D2受到测量，否则它的波函数会一直保持叠加的状态，即沿着干涉仪的两条臂前进。如果一秒钟后，探测器D1检测到了光子，那么波函数就会发生坍缩：此时，光子明确位于D1，而不是D2。接下来，我们考虑光子触发探测器D2的情况。探测器D2将在5秒钟后被触发，这个实验最引人入胜的地方正在于此：只要没有探测器在实验开始的一秒钟后被触发，我们就知道光子正朝着探测器D2飞去。没有结果（探测器D1没有在一秒钟后被触发）就是一种结果，它告诉我们光子最后将到达探测器D2：尽管探测器D2对光子的测量还没有发生，但光子的波函数可能已经发生了坍缩。这就是"零作用测量"最简单的实例。

伊利泽和韦德曼把这个原理应用到了一个假想的情景里，我们曾在序言里提过这个被称为"伊利泽–韦德曼炸弹问题"的思想实验，这里不妨回顾一下。有一家工厂专门生产某种炸弹，这种炸弹的触发装置异常灵敏，哪怕一个光子的撞击都足以将炸弹引爆。不过工厂里也有一些没安装触发装置的哑弹。我们的任务是把哑弹和真正的炸弹分开。工厂允许我们在甄别的过程中引爆部分炸弹，当然，拆开炸弹并看它是否安装了触发装置是不可行的，因为查看炸弹的内部结构需要光，而光会引发爆炸。谁也没想到，双缝实验，或者说它的改进版本——马赫–曾德尔干涉仪，简直是为这个任务量身定做的。

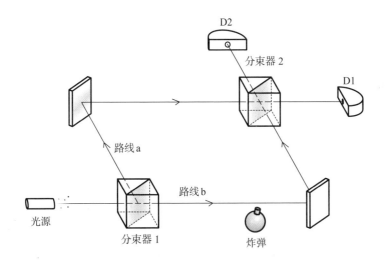

假设这种炸弹（无论是不是哑弹）被放在干涉仪的一条臂上。合格的炸弹有触发装置，它会横在光子经过的路线上，阻挡光子前

进。哑弹没有触发装置，所以不会干扰光子。为了论证的严谨，我们假定取放或搬动这种炸弹都不会引发爆炸，只有光子才能引爆它们（没准儿这家工厂是在一个漆黑的房间里用机器人生产炸弹的呢）。

哑弹很容易找。干涉仪的运行就像没有受到任何干扰一样，此时光子的状态是沿着两条臂前进的叠加态，而且最终会出现干涉的现象。假设我们发射 100 万个光子，而且每次只发射一个（凭借今天的技术，要做到这一点只需一眨眼的工夫），那么所有的光子都会触发探测器 D1，没有一个会触发探测器 D2。

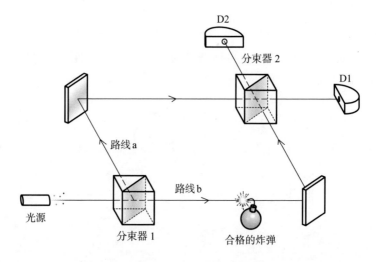

而如果干涉仪的一条臂上放着一个合格的炸弹，那情况就不同了。这个炸弹扮演的角色相当于一台能够指示光子在干涉仪中走了哪条路径的探测器或者感应器。光子将因此表现出粒子性：每个光子都只能选择路线 a 或者炸弹所在的路线 b。最后会出现三种可能的结果：

第一种是光子沿路线 b 前进，碰到触发装置，随即引爆炸弹。

然后就没有然后了——炸弹没了，干涉仪也没了。假设我们很快就可以再造一台新的干涉仪，然后从头开始。

我们接下来考虑光子沿着路线a到达第二个分束器的情况。由于光子现在表现出粒子性，所以它有一半的概率朝两个方向中的任何一个前进。也就是说，光子有50%的概率触发探测器D1，这便是第二种可能的结果。遗憾的是，即便这是一个哑弹，探测器D1也会被触发，所以只看一次实验的结果并不能得出明确的结论。我们可以多重复几次，看看会不会出现不同的结果。

第三种结果最为关键。光子沿路线a到达第二个分束器，然后触发探测器D2。这显然意味着干涉仪内有一个合格的炸弹，它的触发装置拦在了其中一条臂上。我们知道当两条路线都畅通时，就可以看到干涉现象——所有的光子都到达D1，没有一个光子到达D2。而一旦出现这第三种结果，也就是探测器D2被触发，那就说明光子没有发生干涉。它们只能沿其中一条或者另一条路线前进，因为干涉仪内有某种东西在测量光子的路径信息：这里指的当然就是带触发装置的炸弹。所以我们本质上就是在没有引爆这个炸弹的情况下探测到了它的存在。

当装置内放着一个合格的炸弹时，计算各种结果出现的概率并不是难事。在一半的实验里，炸弹会把干涉仪炸毁；在1/4的实验里，光子会触发探测器D1，但这是个无用信息；在剩下1/4的实验里，光子将触发探测器D2，这下我们就知道炸弹在路线b上了。量子力学做到了经典物理学做不到的事：我们不用直接检查炸弹，就能知道它是不是哑弹。

零作用测量在今天已经是个比较常见和重要的概念了，但1991年时，人们根本看不出它有多大的意义。伊利泽和韦德曼尝试向同行分发论文的预印本（文章里有一个部分专门探讨"如何在不引爆一个炸弹的前提下对其进行检测"），此外他们还向《物理评论快报》投了稿。杂志反馈的评审意见是，虽然这篇论文很有趣，但它并不是《物理评论快报》通常会接收的那种研究。《物理快报A》也拒绝了他们的投稿（当时负责对接的期刊编辑后来告诉韦德曼，给出拒稿建议的匿名评审是一位"不得了的大人物"）。

1993年，这篇论文终于被发表在一本名不见经传的学术期刊上[131]，但文章里的构想真正引起广泛的关注靠的却是罗杰·彭罗斯（Roger Penrose）在1994年写的一本书——《思维的阴影》（*Shadows of the Mind*）。考虑到伊利泽和韦德曼工作的地点是以色列，彭罗斯相当厚脸皮地提出，我们可以根据这个思想实验制造一种被他称为"安息日开关"的装置，帮助犹太教信徒守安息日。安息日是犹太人的传统，每周的安息日从周五的日落开始，一直持续到周六的日落。在此期间，真正恪守教义的犹太教信徒不应当生火，甚至不能打开电器。彭罗斯的安息日开关可以帮助这些人，让他们不用真的动手就能打开电器。试想把伊利泽–韦德曼实验中的炸弹换成你的手指。在半数的情况下，进入干涉仪的光子会撞上你的手指，所以什么也不会发生。但光子有1/4的概率走另一条路线，避开你的手指、触发探测器D2，并通过某种途径拨动开关，最终开启电器。"无论如何……总不能说没能拦住那个启动开关的光子也是犯了戒律吧！"彭罗斯写道。[132]

玩笑归玩笑，零作用实验凸显了坍缩引发的令人困惑的概念问题。标准量子力学说，当干涉仪的一条臂上有个合格的炸弹时，光子的波函数将发生坍缩，使光子表现出粒子性，所以它只能沿两条路线中的一条行进。在半数情况下，光子遇到炸弹并炸毁整套实验设备；在另一半情况下，它沿着没有炸弹的路线前进，使得我们可以反推出炸弹被安在干涉仪的另一条臂上。但在整个推论过程中，没有任何东西与炸弹发生了相互作用。既然如此，那坍缩在这个情况下指的到底是什么呢？

波函数的坍缩有两个困扰爱因斯坦的内在特性：随机性和超距作用，而相比确定性的丧失，他更担忧的是超距作用。在量子力学的标准表述形式里，当波函数发生坍缩时，我们只能给所有可能出现的结果分配特定的概率，至于最后出现的到底是哪一个结果，这本质上是一个随机事件。而所谓的超距作用指的则是：如果一个波函数涉及两个或两个以上的粒子，它们在某个时刻发生了相互作用，换句话说，它们陷入了纠缠态，那么通过测量其中一个粒子并造成其波函数发生坍缩，这种效应瞬间就能影响到其他的纠缠粒子——这种作用方式是非定域的。"坍缩具有非定域性和随机性，"韦德曼告诉我，"它是量子力学里唯一同时具有这两种特性的现象。"和爱因斯坦一样，标准量子理论也让韦德曼感到困扰。他更愿意看到其他形式的理论。"我认为不诉诸超距作用和随机性的理论才是更好的理论。"

韦德曼认为所有宣称测量会引起波函数坍缩的理论都不可能是正确的，零作用测量就是清晰的佐证。他并不是唯一一个这样想的人。有一小群量子理论学家正在苦思冥想如何用其他诠释或理论解释实验的观测结果，这股潮流源自爱因斯坦，他认为世上一定存在某种符合定域性和实在论的理论。尽管爱因斯坦非常希望构建一种定域性实在论（或者说符合定域性的隐变量理论），但这种可能性已经被克劳泽、阿斯佩、蔡林格等人的实验否定了。不过，不同的理论依然层出不穷，甚至可以说其中一些还取得了不错的进展，而这一切都要归功于结构简单的马赫–曾德尔干涉仪，以及双缝实验，它们在不断地为我们展示量子理论显而易见的自相矛盾之处。

我在序言里提到了卢西恩·哈迪，20世纪90年代初，还在念博士的他读到了伊利泽–韦德曼炸弹论文的预印本。那个年代可没有arXiv网站（今天的论文作者可以把文章的预印版上传到这个网站的服务器，供所有人阅读），只有当别人把预印本寄给你时，你才有机会读到尚未发表的文章。"很幸运，他们给我的导师尤安·斯夸尔斯（Euan Squires）寄了一份，尤安又分享给了我，读完后我们都很兴奋。"哈迪对我说。

在伊利泽–韦德曼的思想实验里，炸弹本身属于经典设备。于是哈迪想，如果炸弹也具有量子特性会怎么样？量子爆炸会是什么样？产生这样的想法之后，哈迪很快就用两台马赫–曾德尔干涉仪设计了一个实验。他用的炸弹是电子：当带负电的电子与它的反粒子——带正电的正电子——相遇时，就会发生爆炸。

整套实验装置其实就是把两台干涉仪并排放在一起。第一台干涉仪里的是电子：每次向干涉仪内发射一个电子，它可以选择走路线a–或者b–（这里的"–"代表电子所带的负电）；第二台干涉仪里的是正电子，它可以走路线a+或者b+。调整两台干涉仪的位置，让路线b–上的电子和路线b+上的正电子能在飞向各自的全反射镜的途中相遇。整套装置的布置必须非常精确，保证只要电子和正电子同时离开各自的发射器，且电子走b–、正电子走b+，它们就能在两条路线的交汇点相遇。这相当于是个炸弹：粒子和反粒子在相遇时会发生湮灭，实体粒子消失，化为纯粹的能量。

我们先从使用电子的干涉仪开始分析，暂时不管正电子。我们知道电子将表现出波动性，所以它们都会触发探测器C–（"C"代表"相长"，"–"代表负电），绝对不会触发D–。同样，如果只考虑正电子干涉仪，而不管电子，那么所有的正电子都会触发C+，没有一个会到达D+。

可一旦我们像图示那样，把这两台干涉仪组合起来，情况就不一样了。电子和正电子的波动性有可能会消失。这是因为现在实验装置内部有了一种相当于路径信息探测器的构造，它和我们在干涉仪的一条臂上放了个合格的炸弹是一样的道理。

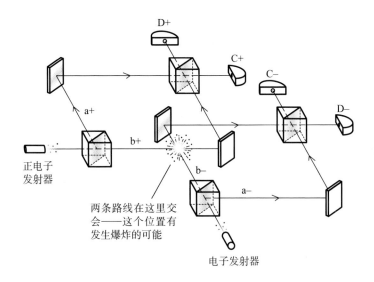

两条路线在这里交会——这个位置有发生爆炸的可能

我们先来捋一捋电子和正电子都表现出波动性的情况。就电子而言，只有当正电子沿路线a+前进时，电子才能表现出波动性。在这种情况下，电子可以在干涉仪内畅行无阻，并且处于沿a−和b−两条路线前进的叠加状态，最后触发探测器C−。同样，当电子沿a−前进时，相应的正电子最后则会触发探测器C+。

但也有些时候，电子和正电子会表现出粒子性。以正电子沿b+前进为例。对电子所在的干涉仪来说，正电子从b+通过无异于我们在b−上放置一台探测器，因此电子会表现出粒子性，并以相同的概率沿路线a−或路线b−前进。如果选择了b−，电子就会与正电子相撞并湮灭；但如果选择了a−，在离开第二台分束器后，它将朝探测器

C–或者探测器D–前进。表现为波动性的电子永远不会触发探测器D–，因此只要探测器D–被触发，这就是路线b+上有正电子通过的信号。电子可以在没有实际遇到正电子的情况下，"感应"到后者的存在：这正是零作用测量的含义。

由于这两台干涉仪是对等的，所以我们可以从正电子的角度分析出一模一样的结果：当电子沿b–前进时，正电子可以触发探测器C+或者探测器D+；而一旦有正电子触发D+，就表示一定有电子通过了b–。

不过，哈迪并没有就此罢手。他指出，从数学的表述形式上来看，D+和D–同时被触发的平均概率应当是1/16：如果我们把这个实验重复100万次，那么D+和D–同时被触发的次数大概是62 500次。而这时候悖论就出现了。

原因如下。从电子的角度看，探测器D–被触发意味着正电子通过了b+；而从正电子的角度看，探测器D+被触发则代表电子通过了b–。因此当D+和D–同时被触发时，它意味着电子通过了b–，与此同时，正电子也通过了b+，至少从经典的逻辑上来说应该如此。但前面说过，这是粒子发生湮灭的情况：在那1/16的实验结果里，电子触发了D–，正电子触发了D+，而原本应当发生的爆炸却不见踪影。

如果你觉得这只是一种自说自话的思想实验罢了，"肯定不可能发生在真正的实验里"，那你就错了。加州大学圣巴巴拉分校的德克·鲍梅斯特（Dirk Bouwmeester）和同事一起，利用光子和光子的偏振性，几乎原样复刻了这个思想实验。[133] 他们之所以选择用光子，是因为现有的技术还不允许我们用电子和正电子做实验。

哈迪发现的悖论是真实存在的。但这个悖论之所以诞生，是因为我们在用经典物理的形式讨论和设想空间与时间，我们只会说粒子走了这条或者那条路线，只会说它们触发了这台或者那台探测器，但大自然自有一套独特的行事方式。

根据量子力学的表述形式，D+ 和 D− 可以同时被触发的原因或许是：两个粒子在碰到各自路线上的最后一个分束器之前，已经通过某种方式形成了纠缠。最让人感到惊讶的是，这种纠缠态竟然建立在来源不同的电子和正电子之间。在之前介绍过的实验里，两个纠缠的光子要么来自同一个原子，要么就是有某种紧密的互动，只有这样才会形成纠缠。但这里的情况却并非如此。

因此，如果我们不愿放下定域实在论（这是经典物理学的基石），坚持要用符合定域性的描述方式给粒子的运动确定一条实实在在的轨迹，那最终得到的结果就是哈迪悖论。可是，摒弃定域实在论又会让我们不可避免地得出一个结论，正如哈迪当时所说："量子理论不遵循定域性。"1992 年，哈迪的论文被发表在物理学的头部学术期刊《物理评论快报》（正是 1991 年拒绝了伊利泽和韦德曼的那本期刊）上 [134]。令人啼笑皆非的是，哈迪的研究其实是受了伊利泽和韦德曼的启发，可那两人的论文却吃了闭门羹，一直找不到愿意接收的同行评审期刊。哈迪在自己的论文里提到了以色列二人组的研究，他用的标注是"特拉维夫大学报告，1991 年"。物理学家戴维·默明认为哈迪的思想实验在论证非定域性方面比贝尔定理"更简洁、更有说服力"[135]，他在 1994 年如此写道："（它）凭借无与伦比的简洁性，成为我们在量子力学这块神奇的土壤中发现的最奇怪也是最美丽的宝石之一。"[136]

我们在这一章介绍的实验反映了量子世界的反直觉本质，它比之前的波粒二象性更让人困惑。但我们会在接下来的章节里看到，类似于"波粒二象性"、"非定域性"、"幽灵般的超距作用"、"同时位于这里和那里的叠加态"、"大自然的随机性"，以及"非决定论"

这样的词语或短语，全都是我们按照哥本哈根学派诠释量子力学的数学表达形式并用它来解释量子领域究竟发生了什么的结果。而其他的诠释方式（有些依据了不同的表述形式，有些只是对相同表述形式的重新解读）为我们看待神秘的量子世界提供了非常不同的视角。

波函数在量子力学的这些数学形式中占据中心地位。我们应该如何理解波函数？它是仅仅代表我们对量子世界的认识，因而属于认识论的范畴，还是说它是一种真实存在的东西（比如零作用测量或许就可以证明这一点，因为物理学家认为正是波函数"感应"到了炸弹）？如果波函数真实存在，那它无疑是构成现实与世界本体的关键元素。但不管波函数属于本体论还是认识论的范畴，我们又应当如何理解波函数的坍缩呢？

尽管量子理论是一种极为成功的理论（到目前为止，它是最成功的物理学理论），但类似的问题却一直困扰着那些思索现实的本质究竟是什么的人。对他们来说，仅仅用量子力学来推动技术的进步并不尽如人意（其中一些人的确是满头白发），套用物理学界的一句俗话，他们不甘心只是"闭上嘴，只管算"。要论是哪些思想家最早开始寻求用更深刻的方式描绘现实，爱因斯坦和德布罗意肯定当仁不让。在他们之后，第一个决心通过构建隐变量理论来解决哥本哈根诠释中的概念困境的人是一位美国物理学家。这个人曾在普林斯顿高等研究院任职，与爱因斯坦短暂共事。但好景不长，他在整个美国滑入麦卡锡主义的深渊时遭到了驱逐。

第 6 章

博姆狂想曲

显而易见的本体以显而易见的方式演化

要理解所有这些东西，还有一种完全不同的方法（一种无疑是离经叛道的方式，一种在每一个层面上都违背了标准、堪称异端的思维方式，一种能将量子力学彻底推翻并用其他东西取而代之的方式）。[137]

——戴维·阿尔伯特

罗伯特·奥本海默培养的学生后来却掀起了声势最为浩大的反对哥本哈根诠释的浪潮，这不可谓不讽刺。奥本海默因担任曼哈顿计划的科学主管而为世人所知，那是美国为研发原子弹而设立的研究项目。而在对量子世界的看法方面，奥本海默是尼尔斯·玻尔的忠实拥趸。他建立了美国第一个理论物理学学院[138]，并在加州大学伯克利分校教授量子力学。在伯克利，人称"玻尔是上帝，而奥皮①则是玻尔派来的先知"[139]。年轻的戴维·博姆曾跟随奥本海默攻读博士学位，在导师的"布道"下，玻尔的观点很可能深深地影响了他。

---

① 奥皮（Oppie）是朋友对奥本海默的昵称。——编者注

但从博姆的表现来看，反抗和叛逆早已有迹可循。

在第二次世界大战的腥风血雨中，美国紧锣密鼓地研发原子弹。博姆加入了共产党并参与了工会的活动，这造成他无法取得博士答辩所需的安全许可——他研究的课题比较敏感，被划为机密级别。博姆最终还是获得了博士学位，但这都是因为奥本海姆向伯克利分校再三保证，他认为自己的学生就算不参加常规的答辩，也同样配得上这个学位。[140]

博姆获得博士学位后，普林斯顿大学很快就给他提供了一个职位（毕竟，他是全美国最优秀的年轻理论物理学家之一，而且"很可能是奥本海默在伯克利最好的学生"[141]）。博姆开始教量子物理学，但没过多久，他的过去就被人扒了出来。1949 年，众议院非美国活动委员会在国会传唤博姆，要求质询他以及他的同事与共产主义的联系。博姆拒绝出席和回答任何问题。这构成了蔑视国会的罪名，他随即遭到了起诉和逮捕，但后来被取保候审。虽然后来法庭对他的判决结果是无罪，但恶劣的影响已经造成。普林斯顿大学不仅暂停了他的职务，还禁止他进入校园内的设施。[142] 双方本应在 1951 年续约，但校方却对此事提出了异议。

博姆并没有无所事事。他在 1951 年出版了《量子理论》（Quantum Theory），这是把量子力学阐释得最清晰易懂的教科书之一，博姆用高超的技巧讲解了哥本哈根诠释的观点（这本书是他在普林斯顿大学潜心教学的成果）。博姆在这本书中也梳理了爱因斯坦–波多尔斯基–罗森（EPR）思想实验，重新组织了表述的形式，他对该思想实验本质的理解比爱因斯坦本人更出色。在这本书出版之后，博姆和爱因斯坦见了一面，两人探讨了量子力学，这次讨论让博姆对现实的本质有了新的认识，对他后来的观点转变起到了关键作用。

可没等他的想法成熟，他的事业就先急转直下了。当普林斯顿宣布不再与他续约后，他知道自己在美国搞学术的日子已经所剩无几。1951年，一个由普林斯顿研究生校友组成的团体设法在圣保罗大学为博姆争取到了一份教职，于是他在当年10月搬到了巴西，为他写推荐信的人包括爱因斯坦和奥本海默等。博姆原本非常期待与欧洲各国的物理学家共事，但这件事却因为美国国务院没收了他的护照而蒙上了一层阴影。这下，博姆等于是被美国流放到了巴西，他在那里待到1955年，随后前往以色列。

与此同时，博姆发表了一篇论文，驳斥哥本哈根学派的反实在论观点。此举看似突然，但回望过去，从1951年出版的那本教科书里就已经能看出这种思考的端倪了：他在书中公开讨论隐变量。博姆借热力学定律来说明自己的观点，他指出，我们之所以要用概率表示热力学现象的结果，是因为我们没有掌握所有的信息，比如气体中所有分子的性质。表征这些未知性质的变量就是所谓的隐变量。那么，量子理论中的概率（比如，电子出现在这里或者那里的概率）会不会也是因为我们对现实的某些隐藏层面缺乏认识，没有了解所有变量？

虽然博姆在书里提到了这些内容，但他当时并不确定有必要重新审视哥本哈根诠释。"除非我们能够找到实实在在的证据，证明（量子理论）确实有纰漏……否则，寻找隐变量似乎没有任何意义。相反，我们应当认为概率法则就是物质世界的基础和本质。"[143]他在书中如此写道。由此可见，尽管博姆当时正在酝酿"异端邪说"，但他写的这本书仍拥护着玻尔的观点（蔡林格直到今天也支持玻尔）。事实上，博姆的书不仅"以哥本哈根诠释为正统，它对哥本哈根诠释的阐述是迄今为止所有出版物中最清晰、最全面、最透彻，也最深刻的"。[144]博姆甚至在书里宣称，"隐变量这个假设会导致量子理论的基本概念框架丧失一致性"。[145] 他利用EPR的结论佐证了自己的这个观点：爱因斯坦、波多尔斯基和罗森指出，他们的思想实验表明，定域性意味着两个纠缠粒子的动量和位置具有明确的定义值，但这显然违背了不确定性原理，博姆把这个原理称为"量子理论最基本的推论之一"[146]。

因此博姆总结道，"隐变量理论不可能得出量子理论的所有结论"。[147]

但一年后，一切都变了。1952年，博姆在《物理评论》上发表了题为《试从"隐藏"变量的角度诠释量子理论》的重磅文章。（这篇论文的致谢只提到了一个人："作者希望向爱因斯坦博士表达感激之情，与他的几次探讨充满了趣味和启发。"）博姆曾说隐变量理论不可能在量子力学的概念框架下成立，可他自己却成了世界上第一个清晰阐述这种理论的人。他的论文还明确推翻了约翰·冯·诺伊曼的证明：建立一种既能解释量子物理学实验的观测结果，又符合实在论和决定论的隐变量理论其实是可能的。

在关于量子理论的争论中，哥本哈根诠释的支持者向来不需要特别积极地发声。因为历史一直都站在他们这一边，尼尔斯·玻尔、维尔纳·海森堡、沃尔夫冈·泡利，还有许多其他理论物理学巨擘早就为哥本哈根诠释打下了坚实的基础，所以他们泰然自若。可在某些思考量子力学基础究竟是什么的理论学家看来，事情还远远没有结束。他们不得不大声呼吁，否则根本没人能听见他们的声音，这些人往往也比墨守成规的信徒们更有热情。谢尔登·戈尔茨坦（Sheldon Goldstein）就是这样一个人。

和博姆一样，戈尔茨坦刚入行的时候也支持玻尔的观点。从20世纪60年代末到70年代初，戈尔茨坦就读于纽约的叶史瓦大学。"我当时是哥本哈根诠释的坚定维护者——就我当时对哥本哈根诠释的理解而言。"戈尔茨坦告诉我。我们会面的地点在新泽西的罗格斯大学,那是个大雨滂沱的日子。戈尔茨坦邀请我到他的办公室,这是一个又长又窄的房间,其中一侧摆着几个书架,塞满了关于量子力学的书。办公室的尽头有一扇大窗户,从那里向外望去,天上阴云密布,不时有排成一字形的大雁飞过。书架上贴着从报纸上剪下的新闻,内容是关于艾伦·索卡尔(Alan Sokal)的。1996 年,这位纽约大学的教授设下圈套,在一本社会学学术期刊上发表了一篇胡编乱造的论文,以此证明同行评议期刊的文章也不一定都靠谱。其中一个书架上搭着一件白色的 T 恤衫,上面印着博姆的照片,配的字是"戴维·博姆,求真求实"(David Bohm, Keepin' it real)。戈尔茨坦坐到他的旋转椅上,往后一靠,把脚搁在了桌子上,双手抱住后脑勺,然后滔滔不绝地讲了两个小时,中途起身要么是到黑板上潦草地写几个公式,要么就是为了去够一本已经翻烂了的《量子力学中的可以言说与不可言说》(Speakable and Unspeakable in Quantum Mechanics),并整段整段地给我读里面的内容。书的作者是约翰·贝尔,戈尔茨坦手里的这本连防尘套都被翻得破破烂烂了。

"我当时希望看到玻尔、海森堡,以及正统的量子理论是正确的,而爱因斯坦是错的。"他说。

"你真是这么希望的?"我问道。

"是的,我希望爱因斯坦错了,"戈尔茨坦说,"现在回想起来可真是害臊。量子革命让我兴奋不已,而爱因斯坦被塑造成了一个只想回归经典旧式思维的人。人们说他年纪太大了,接受不了新的思维模式。"

随后,戈尔茨坦为当初这样看待爱因斯坦表达了懊悔。"我现在觉得这种想法很不公允,但当年我确实是这么认为的,"他说,"你可以说我不够聪明，没能看出这些说法有多荒谬，所以别人说什么我就信什么。我当时觉得，只要自己的数学再好一点儿，再认真地研究研究，总有一天能彻底明白这个理论。（但）我学得越多，就越是清晰地意识到，我们都被蒙蔽了。"

戈尔茨坦的话说得很重，但他的想法在与正统量子理论渐行渐远的人当中并不鲜见。

随着戈尔茨坦深入研究标准量子理论的数学形式，他发现自己逐渐难以解释它的意义了。实在的实体基础是什么？量子理论是一种关于粒子的理论，还是一种关于波的理论？它是一种关于测量和观察的理论，还是一种关于波函数的理论？波函数究竟是属于本体论（意味着波函数是某种实际存在的东西）还是认识论（意味着波函数只代表我们对某种东西的认识）的范畴？换句话说，它到底是客观的还是主观的？

戈尔茨坦对正统量子力学的疑问还不止这些。"在我们观测之前，粒子是否存在？它们是否有明确的位置？按照量子力学教科书的说法，答案都是否定的。那么在没有观测的时候，这些东西又是什么呢？还是说现实就是由观测创造的？最普及的理论，也就是教科书里的理论，能不能回答这些问题呢？不，它们不能。"

戈尔茨坦利用双缝实验，进一步阐述了自己如何看待波函数的"实在"。"除非你真的把波函数看成一种存在于现实世界的客观事物，它可以分成两个部分，一个部分从上方的狭缝穿过，另一个部分从下方的狭缝穿过，然后这两个部分发生了干涉，否则我不知道要怎么理解干涉现象。"他说。

对哥本哈根诠释幻灭后，戈尔茨坦转而与普林斯顿大学一位名叫爱德华·尼尔森（Edward Nelson）的数学物理学家合作，尼尔森此前提出了一种符合实在论的量子理论，他将它称为随机力学。这种理论认为量子物体是真正的粒子，有明确的位置和动量，并且受到波函数的随机冲撞，这导致它们的行为类似于布朗运动。这不是一种决定论，但它可以重现标准量子理论的结果，只不过需要烦琐的数学推导。戈尔茨坦觉得这个理论很有吸引力，不过也很快意识到它实在过于复杂。他发现尼尔森的理论里还隐藏着某种更简洁的东西。

就在戈尔茨坦刚开始探索这个"更简洁"的想法时，他依稀记得"好像有个叫戴维·博姆的人"曾经提出过一种符合决定论的量子理论，而且还是一种隐变量理论。他发现自己正在思考的想法——简化尼尔森的随机力学理论，并把它变成一种决定论——已经被博姆精准地实现了。如果不借助哥本哈根诠释，我们也可以用下面这种决定论的眼光看待现实世界中的粒子：它们的运动是与波函数发生相互作用导致的，而波函数也是一种"真实"存在的事物，它的演化遵循薛定谔方程。

博姆的理论是一种彻头彻尾的本体论：这个世界由粒子和波函数构成，虽然波函数并不像粒子那样具有实实在在的"物理"实体，但它们依旧是大自然真实、客观的一部分。粒子的位置从来都是明确的，因此它确实有运动轨迹，这完全违背了哥本哈根诠释的实在观。粒子受了波函数的"引导"，因此粒子不仅被普通的力（比如电磁力）影响，还受到了"量子势"的影响——这是一种新的力，来自粒子与波函数之间的相互作用。不仅如此，这个理论还符合决定论：只要知道粒子当前的位置和它的波函数，我们就能准确预测它在某个时刻的位置。更值得强调的是，粒子的运动轨迹是客观的：无论有没有观察者，这条轨迹都真实存在。

那隐变量又是什么呢？在博姆的理论中，饱受诟病的隐变量不过就是粒子的位置。对认同博姆理论的人来说，这种显而易见的性质居然被称为"隐藏"是一件相当讽刺的事。粒子的位置之所以会变成隐藏变量,仅仅是因为它没有出现在量子力学的标准表述形式里——它是一种不"观测"就看不见的变量。

正如戈尔茨坦发现自己尚在襁褓中的想法已经被博姆阐述得一清二楚,博姆也发现自己的新理论并非完全首创。早在 20 世纪 20 年代,前文提到的法国贵族公子哥儿路易·德布罗意就试图将实在论和决定论引入量子理论,他也是第一个明确往这个方向努力的人。你应该还记得德布罗意曾在 1924 年提出了物质粒子(例如电子)也具有波动性的理论。然后,1927 年,德布罗意又在布鲁塞尔的第五届索尔维会议上提出了另一个激进的观点:他认为现实世界由粒子构成,这些粒子受到了"导航波"的引导,导航波的行为类似波函数,它的演化也遵循薛定谔方程。玻尔认为现实是波或粒子,而德布罗意则认为现实是波和粒子。在索尔维会议上,玻尔阵营的沃尔夫冈·泡利批评了德布罗意的理论,并声称有一些实验的情景是这种理论无法解释的。心灰意冷的德布罗意放弃了自己的导航波理论,转投哥本哈根学派的阵营。

转机出现在博姆登场之后。博姆当时并不知道德布罗意的研究,他完全是靠自己想出了这个理论,而且无论是概念上还是数学上,他的阐述都比德布罗意更清晰。爱因斯坦和泡利都提醒他,让他看看德布罗意的研究。尤其是泡利,他把当年在布鲁塞尔诘问德布罗意的一些问题原封不动地丢给了博姆。可博姆没有像德布罗意一样被问倒。他针对泡利的疑问修正了自己的手稿,然后给泡利寄了过去。泡利显然因为信件实在太长而没有读。[148] 博姆不太高兴,所以又给泡利寄了一张措辞严厉的字条:"如果我的文章很'短',你或许会愿意读,但那就无法回应所有的问题;可如果我回应所有的问题，你就又会嫌文章太'长'而不想读。我认为仔细阅读这些信件的责任真的应该由你来承担。"[149]

博姆不太情愿地认可了德布罗意的贡献。在1952年发表的论文里，他承认自己是在写完论文之后，才在别人的提醒下得知了德布罗意的工作，并提到德布罗意因为受到泡利的批评，自以为理论中存在某些缺陷而放弃了它。"如果德布罗意当初能坚持自己的想法，那么泡利和他自己提出的所有反对理由最后都能得到合乎逻辑的解释。"[150]

博姆在写给泡利的信里表达了同样的意思，但措辞更为生动："如果有人找到了一块钻石，却误以为它是一块不值钱的石头，将其丢弃，后来这块钻石被另一个识货的人捡到了，你能说这块石头不应当属于第二个人吗？我认为同样的道理也适用于量子理论的诠释。"[151]

值得肯定的是，博姆的确把一个笼统粗糙的想法变成了逻辑严密的结论，最后建立了世界上第一个符合决定论和实在论的隐变量量子理论。正如贝尔后来的评价，博姆把不可能变成了可能。

今天，导航波理论通常也被称为德布罗意–博姆理论。德布罗意在得知博姆的研究后立刻脱离了哥本哈根学派的阵营，开始研究自己想法的另一个变体。这种想法名叫"双波解理论"，德布罗意早在1926年就想到了，但后来因为太难而放弃。

在徘徊了几十年后，无论是德布罗意–博姆导航波理论（戈尔茨坦更青睐这个理论），还是德布罗意的双波解理论，都获得了一定的关注甚至证据支持。支持这两个理论的证据来自一帮你可能根本没听说过的科学家，他们研究的课题是硅油的液滴在振动的硅油表面会发生怎样的反弹。你可能会问，这和量子物理学又有什么关系呢？

出生于加拿大安大略省伦敦市的研究生约翰·布什（John Bush）觉得量子力学像从小到大的主日学校一样令他烦躁。宗教里总有一些不能谈论的禁忌话题，很不幸，他在学习量子力学以及哥本哈根诠释时碰到了同样的情况。"你的意思是只要不观测，粒子就不存在？"他问道。而他的老师会这样回答："你不能问这样的问题。"每当这种时候，布什就觉得自己仿佛回到了主日学校的课堂上。

人类观察者居然成了量子现实得以存在的基础，布什无论如何也接受不了这样的观点。哪怕到了今天也依然如此。"人类总是把自己置于宇宙的中心，不知道因此干出过多少自作聪明的蠢事，对现实的这种看法便是最新的一桩，"当我与他在麻省理工学院的办公室见面时，他如此说道，"我觉得这种看法纯属无稽之谈。"

对量子力学失望后，布什转而开始研究流体力学。当时的他万万没有想到，有朝一日，他的选择又会把他重新带回量子力学。契机源于两名法国科学家在 2006 年发表的一项研究[152]，他们分别是伊夫·库代（Yves Couder）和埃马纽埃尔·福尔（Emmanuel Fort）。他们发明了一套新奇的装置。试想有这样一个培养皿，里面盛满了硅油，并在外力的作用下上下振动。硅油在竖直方向上的振动幅度被严格控制在所谓的法拉第阈值以下：如果液体的振动强于这个阈值，其表面就会形成波；但只要不超过这个阈值，那么即使液体的内部充满振动的能量，其表面也会保持平滑。法国的这两位科学家发现，如果他们将一滴直径一毫米左右的硅油滴入振动的硅油池里，这滴硅油会在油池的表面不断地反弹，蹦蹦跳跳地从培养皿的一侧移动到另一侧。

这种现象的机制如下。油滴和油池之间隔着一层薄薄的空气，这层空气阻止了油滴融入油池。在油滴第一次撞击油池的表面时，振动的液面对油滴施加了一个竖直向上的作用力，使其弹起。与此同时，反作用导致油池的表面形成了一个小小的波。油滴再次落回油池的表面时便遇到了这个波。这一次，油滴同时受到了水平和竖直两个方向的作用力，此后，同样的过程不断重复。油滴与油池表面的每次撞击都维系着波的存在，而波又反过来决定油滴的运动速度和方向，这才出现了油滴"水上漂"的景象。

这让人不由得联想到德布罗意以及博姆的理论：油滴相当于粒子，而托着它前进的波则相当于导航波。每每这种时候，除了把双缝实验拿出来改一改，我们还能有什么其他更好的办法呢？

库代和福尔正是这么做的。他们在一块挡板上划了两道口子，然后把这块挡板浸入油池里。挡板的上沿距离液面不到一毫米，因此任何从液面经过的东西都会受到挡板的影响。这块没入油池的挡板所起的作用相当于双缝。当蹦跳的油滴靠近挡板时，它会从其中一道口子的正上方跃过（犹如粒子从双缝中的一条缝里穿过）。而相应的导航波则会同时跨越两道口子。当波出现在挡板的另一侧时，它已经是两道波发生衍射后的产物了，每一道衍射波的形成都对应了液面下方的一条口子。经过叠加的波变得更为复杂，它将继续引导油滴朝远离挡板的方向前进。油滴在每次实验里到达的地方都各不相同。研究人员一共收集了 75 个油滴的运动轨迹，他们最初的分析显示，油滴可以到达某些位置，却不能到达另一些位置，这意味着它们可能发生了干涉。虽然实验装置内每时每刻都有且仅有一个类似粒子的油滴，但与油滴相伴的导航波却令它表现出了波动性。倘若不知道有导航波这回事，我们肯定会以为油滴同时穿过了两道狭缝，然后自己与自己发生了干涉。

库代和福尔到底是不是真的用弹跳的硅油滴做了这个双缝实验？他们是否真的找到了用经典世界类比量子世界的方法？别的科研团队争先恐后地重复他们的实验，却都以失败告终。其中一个团队的负责人是尼尔斯·玻尔的孙子托马斯·玻尔（Tomas Bohr），他的团队就在距离哥本哈根不远的丹麦科技大学。另一个团队来自麻省理工学院，由约翰·布什领导。他们得到的结果表明库代和福尔的实验存在不足之处。玻尔及其同事指出法国团队的统计数据不足：75 条运动轨迹实在是太少了，不足以说明油滴的运动趋势。而布什的团队则指出，法国团队的实验没能杜绝环境的影响，比如油滴在油池表面的运动趋势可能受到了周围气流的影响。

在对实验条件进行更为严格的把控后，麻省理工学院的研究人员没有看到双缝干涉的迹象，就连类似粒子穿过单缝的衍射现象也没有出现。他们把这个问题归咎于各种"边界条件"：比如油滴和波与培养皿的边界所发生的相互作用，导致类似单个光子穿过双缝的实验现象很难复现，而这种边界的影响在普通的双缝实验里是不存在的。或许将来的实验学家可以为油滴实验设计一种全新的实验装置，排除一切由物理边界带来的影响。"我们的实验结果并没有将探索的大门关上，油滴实验中的衍射和干涉现象仍有可能是真实存在的。" [153] 布什的团队在他们发表的论文之一里如此总结道。

但布什告诉我，他们的确看到了某种神秘的表现——类似于理查德·费曼在分析双缝实验时强调的某个现象。在量子力学的实验中，当两条狭缝都开启时，粒子的最终落点只会局限在某些特定的位置，永远不会落到另一些特定的位置上。关闭其中一条狭缝，粒子的行为就会改变，仿佛它能感应到狭缝关闭了一般。经典的油滴实验里也有类似的现象，虽然油滴本身并没有表现出会到达哪里或不会到达哪里的干涉现象，而且它只能从其中一条狭缝的上方跃过，但从实验的结果来看，可以说油滴能"感应"到油池里的双缝是不是都开启了。"我们研究的体系确实具有这样的特征，虽然不知道为什么。"布什说。

布什认为油滴实验的重要之处在于，它是量子力学体系的一种经典类比。研究人员或许还没有能在实验中重现双缝实验的结果，但他们在实验中观察到的现象让他们无法视而不见。比如，油滴在油池表面的轨迹看似杂乱无章，但只要对其进行仔细的追踪和分析，随着时间的推移，你就会发现它在统计学上的表现与电子在量子围栏内的运动很相似。

布什用德布罗意的双波解理论解释了这个结果。德布罗意在1927年的索尔维会议后便放弃了构思双波解理论，直到1952年博姆提出的单波导航波理论重新引起了人们的关注，才再次捡起了当年半途而废的想法。双波解理论的内容从它的名字上就可以看出个大概：引导粒子的波有两种。第一种是局域性的波，它以粒子为中心并受到粒子的引导。粒子和波组成的这种局域波又催生了第二种波，而这种波的表现则很像正统量子力学里的波函数。

按照布什的说法，振动的油池和移动的油滴构成的物理体系与这种双波系统非常类似。跳动的油滴造就并维系着导航波。这种波是一种局域波，油滴则位于局域波的中心。然后，油滴和导航波与油池振动的表面形状的作用催生出另一种形式的波，随着时间的推移，第二种波表现出了极像波函数的性质。"这下我们在宏观层面重现了德布罗意构想的物理学情景，而且它展现出了很多人认为无法解释的量子力学性质，"布什告诉我，"这可真是太巧了。"

诚然，这或许只是纯粹的巧合。不过，布什并没有过于担心这种可能性。他提出理论的主要动力是，他认为物理学家应当挑战哥本哈根诠释，任何能够达成这个目标的事都值得他们付出努力。"这就是为什么我坚信此道，哪怕这样做的最终结果是让年轻人对自己的量子力学观产生怀疑。"布什说。

量子物理学家，即使是反对哥本哈根诠释的量子物理学家，也很难相信经典体系可以原模原样地重现量子力学的所有特征。戈尔茨坦就是其中之一，他认为油滴实验中绝不可能出现那个区分经典世界和量子世界的关键特征：非定域性，因为这种性质依赖于包含两个或两个以上的粒子的波函数，而波函数并不是一种存在于我们所熟悉的三维实体空间内的物理体系。

戈尔茨坦用首字母缩写给博姆看待量子世界的方式取了个外号（他本人也承认，这是一个"糟糕的外号"）：OOEOW，它的意思是"obvious ontology evolving the obvious way"（显而易见的本体以显而易见的方式演化）。从 1952 年博姆提出自己的量子理论开始，他的理论得到了很多的改进，其中最重要的修正来自博姆本人以及他的合作者巴兹尔·希利（Basil Hiley）。希利是博姆在伦敦伯贝克学院的同事，那是博姆学术生涯的最后一段时光（博姆后来从以色列搬到了英国，然后一直定居在那里）。还有很多人为丰富博姆的观点做出过贡献，包括英国物理学家彼得·霍兰（Peter Holland），还有戈尔茨坦、德特勒夫·迪尔（Detlef Dürr）和尼诺·赞吉（Nino Zanghi）三人组成的研究团队。虽然细节不太一样（而且至今仍时有争议），但戈尔茨坦取的外号已经基本概括了这个理论的本质。后来，迪尔提出了"博姆力学"的叫法，虽然希利不喜欢这个称呼，但为了避免在不同观点之间的细微区别上纠缠不清，本章会一直采用这个名称。博姆力学的观点是，量子世界是由位置明确的粒子和引导这些粒子的波函数构成的。假设一个体系里有 N 个粒子，每个粒子都有自己的位置。但是，这个体系只有一个波函数，而且每个粒子都受到这个波函数的影响。粒子在三维空间里有明确的坐标，但波函数没有，它不存在于三维空间，而是位于一种被物理学家称为"位形空间"的地方。我们以两个粒子的情况为例，每个粒子都有各自的三维坐标，代表它在三维空间里的位置，例如粒子 1 的坐标是（x_1, y_1, z_1），粒子 2 的坐标是（x_2, y_2, z_2）。而描述这两个粒子的波函数则需要用到全部的 6 个数字——（x_1, y_1, z_1, x_2, y_2, z_2），代表这个双粒子体系目前的状态。因此，我们需要 6 个数学维度才能容纳该体系的波函数：两个粒子在三维空间内的实际位置对应了六维位形空间内的一个点。

正因如此，随着粒子数目的增多，位形空间的维度数量将急速增加，很快便会多得难以想象。但不管怎么说，无论一个体系内有多少粒子，它们在三维空间内的坐标最终都能用维度为 $3N$ 的位形空间内的一个点表示——这里的 N 指的是粒子的总数。

虽然这种数学形式是抽象的，但波函数在博姆力学里却是真实存在的。它在位形空间里传播，按照薛定谔方程演化，而且能同时对体系内的每一个粒子施加影响。波函数决定了每个粒子的运动轨迹。由于波函数和粒子之间的这种相互作用并非发生在三维空间里，而是在位形空间内，所以它可以一瞬间就完成。正是在这里，博姆力学将非定域性引入了理论中。许多人认为这种深层的非定域性（理论上，一个远在其他星系的粒子可以瞬间影响一个地球上的粒子）让博姆的观点站不住脚。尽管博姆也知道自己把非定域性引入了理论，但第一个真正严肃考虑这个问题的人其实是约翰·贝尔。他想知道我们能否从博姆力学中剔除非定域性。"他证明了我们不可以。"戈尔茨坦说。

克劳泽、阿斯佩、蔡林格等人通过对贝尔不等式的验证，已经否定了建立定域性隐变量理论的可能性。以两个相互纠缠的粒子为例，我们在对这两个粒子的测量中看到的关联无法用添加定域性隐变量（指没有出现在量子理论的标准形式中，且值的变化遵循定域性原则，不受远处情况影响的变量）的方式来解释。可是，这些人的实验并没有排除建立非定域性隐变量理论的可行性，而博姆力学恰好就是这样一种理论：在这个理论中，粒子的位置是隐变量，每个粒子的位置都受到其他所有粒子施加的非定域性影响，而传导这种影响的媒介则是波函数。贝尔敏锐地意识到自己的定理并不能涵盖像博姆力学这样的非定域性理论。"事实上，贝尔曾反复强调，任何严肃的量子理论，包括正统的量子力学，都必须是非定域性理论。"戈尔茨坦告诉我。

因此，虽说正统的量子力学在与定域性隐变量理论的角逐中取得了胜利，可当它碰上博姆力学时，鹿死谁手却尚未可知。已经有人证明，想用实验证伪博姆的观点是不可能的，因为它的理论预测和正统量子理论所做的预测完全一致。

博姆力学还能通过别的途径证明自己的合理性。在标准量子学的量子理论中，某些部分带有公理的色彩，而这些却能在博姆力学中被推导出来。比如，不确定性原理可以用我们没能完全掌握系统所有的初始条件来解释。换句话说，虽然博姆力学本身是一种决定论，但信息的匮乏依旧会导致我们无法做出精确的预测。这与经典力学中的混沌理论不可谓不相似：初始条件里的一个细微扰动可能会让混沌系统（比如天气）最终的结局发生翻天覆地的改变，导致系统看起来像是非决定论的。可实际上，无论精确预测天气的变化有多难，它总归是一种遵循决定论的系统。

甚至波函数的坍缩，这个标准量子理论中的棘手难题（按照哥本哈根诠释，我们不知道坍缩的确切含义，也不清楚它到底是不是一种真实发生的物理过程），都能通过博姆力学推导出来。以薛定谔的猫为例。假设猫的身上一共有N个粒子，于是我们可以用这N个粒子的状态以及猫对应的波函数来描述整个体系。按照薛定谔的思想实验，在猫陷入亦生亦死的叠加态之后，正统的量子力学需要靠测量（或者观察）才能引起波函数的坍缩，进而让猫摆脱或生或死的叠加态，变为某种确定的状态。而在博姆力学看来，整个体系的状态从头到尾都是猫死了或者猫活着，测量并不会影响结果。构成猫的 N 个粒子每时每刻都只有一种明确的位形（位置和形态），观察者所起的作用仅仅是看到它处于哪种状态而已。根本没有波函数坍缩这回事。在位形空间内，波函数中代表猫已经死亡的部分与代表猫还活着的部分泾渭分明，无法相互影响。这个过程从结果上来看确实等效于坍缩，但它并不神秘莫测——波函数演化对应的物理过程可以在构成猫的粒子上看得一清二楚。不过，要是我们在实验结束之后继续关注猫（所谓）的波函数，这时候看到的可就是真正的坍缩，而不只是等效的坍缩了。

"所以说，博姆力学不是对量子力学法则的驳斥，"戈尔茨坦说，"而是对它们的阐释。它让我们明白了这些法则的来源，让我们更清楚地明白了它们说的是什么。"

话虽如此，但支持博姆的人却寥寥无几。倾向于正统释义的人甚至指出，博姆力学的优点（明确的本体论论调以及认为粒子有真实的运动轨迹）反而会造成问题。这些问题都是在某个实验里暴露出来的。你猜是哪个？当然是双缝实验。理论学家声称，对于粒子在双缝实验装置内的运动轨迹，博姆力学所做的预测根本无法用常识理解。他们形容这种轨迹是"超现实的"，这个词也成了他们对博姆力学的嘲讽。

而对实验学家来说，要证明这种超现实轨迹是否存在是个艰巨的挑战。首先，他们必须证明粒子真的有轨迹，只有这样才能进一步讨论粒子的超现实轨迹。他们需要一种测量粒子轨迹的全新思路，毕竟传统的量子力学完全回避了运动轨迹的概念。

与传统量子力学不同，博姆力学认为粒子有明确的运动轨迹。克里斯·杜德尼（Chris Dewdney）依然记得第一次在双缝实验中看到粒子轨迹时的情景。那是在 20 世纪 70 年代末，他刚刚向伯贝克学院的戴维·博姆提交了攻读博士学位的申请。可回复他的人并不是博姆，而是巴兹尔·希利，希利打算收下这个学生。"也行吧，区别不大。"杜德尼当时想。

就在他思考自己的学位论文应该选个怎样的课题时，杜德尼在本地的一家书店里偶然发现了弗里德里克·贝林方特（Frederik Belinfante）写的一本关于量子力学的书，里面有一章介绍了博姆的隐变量理论。贝林方特认为在双缝实验中计算粒子的博姆轨迹是可能的。回想当时的情景，杜德尼记得自己很迷惑："我当时想，'这真是太奇怪了'。在伯贝克学院没有一个人会这样说。"可是，博姆本人不就在伯贝克学院吗？杜德尼在伯贝克的一家咖啡厅里与希利和克里斯·菲利皮迪斯（Chris Philippidis）讨论了这件事，随后，他们决定设法绘制出这种轨迹。这种计算对我们今天的智能手机来说简直小菜一碟，但在 40 多年前，他们却需要为此动用超级计算机，而且是专门用于处理图形的超级计算机。这种计算机的编程得用打孔卡片，你必须先提交卡片，然后耐心等待。计算返回的结果被放在一个小小的胶片桶里。"你得把它们洗出来，或者对着光看。"杜德尼说，他现在已经在英国的朴次茅斯大学任教了。在他们把结果洗出来之后，粒子的运动轨迹清晰地出现在眼前。"惊人，太惊人了。"杜德尼告诉我。粒子从两条狭缝中的一条穿过，然后弯弯扭扭地前进，撞上远处的光屏。如果把众多的轨迹放在一起看，它们的分布犹如干涉图样。

三人在 1979 年发表了一篇揭示粒子轨迹的论文 [154]，但要实际测量这些轨迹仍然只是幻想。"在这个领域里，几乎每个人都相信这些

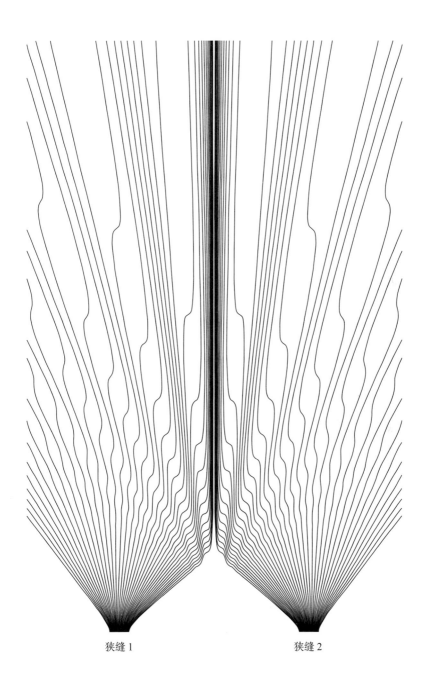

狭缝 1 狭缝 2

轨迹是无法直接测量的。"多伦多大学的实验物理学家埃弗莱姆·斯坦伯格告诉我。

这是因为传统的测量过于"强力"，这样的测量会让测量对象的波函数发生所谓的坍缩，破坏粒子原本相干的叠加态。太强的测量将不可逆地干扰甚至破坏粒子。

因此，用这样的测量方式寻找粒子的运动轨迹是不可能的。想想这跟日常生活中的情况有多不一样，比如与车辆在高速公路上行驶的轨迹相比。为了测量车辆的轨迹，我们完全可以每隔100米安装一个摄像头。每当有车辆经过，摄像头便会启动，而这些摄像头记录的信息可以用来复原来往车辆的运动轨迹。可是，同样的手段对光子或者电子行不通。每一次试图定位粒子的强力测量都会对粒子施加猛烈的作用，导致它不会再沿原来的路径前进，不会到达原本在没有受到测量时应该到达的位置。我们不可能在不引入变化的前提下，用强测量检测粒子的运动轨迹。

1988年，亚基尔·阿哈罗诺夫（Yakir Aharonov，博姆的学生）与戴维·阿尔伯特以及列夫·韦德曼一起，提出了一种叫作"弱测量"的理论。[155] 假设我们测量的目的不是测定某个量子特性的精确数值，仅仅是为了非常轻柔地探测它。这个过程不会干扰粒子，它可以沿原本的运动轨迹继续前进，仿佛什么事也没有发生。如果我们能做到这一点，那会怎么样呢？事实证明，通过这种测量得到的单个结果是相当无用的。测量的不确定性意味着测量结果与实际情况的误差可能过于悬殊。但阿哈罗诺夫及其同事证明，只要严格控制实验条件，对初始条件完全相同的一大群粒子进行重复测量，即便单次测量的结果没有什么意义，把这些结果放在一起看也可以说明问题。阿哈罗诺夫的团队认为，以测量粒子的位置为例，所有测量结果的平均值可以反映粒子的平均位置。

对于这种测量结果的平均值是否真的能够反映粒子的性质，相关的争议很多。但有的物理学家在弱测量里看到了一种测量粒子轨迹的潜在方法。2007年，澳大利亚布里斯班格里菲斯大学的霍华德·怀斯曼（Howard Wiseman）指出，我们可以利用弱测量，在粒子穿过双缝装置时对它的位置和动量进行表面上的测量。他的想法很简单：准备几十万甚至上百万个初始条件完全相同的粒子，将它们一个一个送入双缝实验的装置，然后在双缝和干涉现象显现的光屏之间选择不同的位置，对粒子进行弱测量。我们可以用这些弱测量得到的结果重建粒子穿越实验装置的轨迹。"必须强调的是，"怀斯曼写道，"实验者不可能靠弱测量获得的数据……追踪单个粒子的行进路线。"[156] 否则就违背了量子力学的法则。但在理论上，我们可以复原粒子的平均轨迹。

在怀斯曼的论文发表之前，测量粒子的轨迹对物理学家来说一直是个禁忌话题，但怀斯曼的研究改变了这种观念。埃弗莱姆·斯坦伯格的研究团队接受了这个挑战。与其他同类的实验一样，斯坦伯格设计的实验涉及精密的光学过程，但仅就概念而言，这个实验其实很容易理解。斯坦伯格的团队将光子逐个射向一台分束器，离开分束器后，光子将以相同的概率进入两条光纤中的一条。光纤的位置经过调校，从里面射出的光子会撞上一面反射棱镜，随后发生90°的反射（左侧的光导纤维与左侧的棱镜相对，右侧的光导纤维与右侧的棱镜相对）。如此布置造成的总体效应是两面棱镜在功能上相当于两条狭缝。在远离棱镜的地方有一台CCD（电荷耦合器件）相机对光子进行记录。对于每一个击中相机的光子，我们都不可能知道它是从哪一面棱镜（或者说哪一条狭缝）来的。这种不可区分性导致了光子的干涉，而干涉图样则会被相机记录下来。

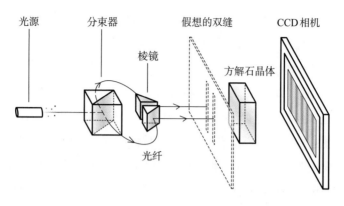

光源　　　分束器　　　　假想的双缝　　　　CCD相机

棱镜

方解石晶体

光纤

　　这个实验的独特之处是研究人员在双缝和CCD相机之间放置了一块方解石晶体。所有的光子都得穿过这块晶体，而方解石能在光子穿过其中时让光子的偏振角度发生旋转。通过仔细调整晶体的位置，研究人员可以根据光子偏振角度的变化，大致推断光子飞行的方向（相对于中线）。这是一种弱测量，相当于只是"闻一下味道"，不会破坏光子本身。它是对光子行进角度的度量，因此代表光子的动量。当然，想要确定偏振角度的实际变化还是得依靠强测量，并且需要破坏光子。

　　为了还原光子完整的运动轨迹，斯坦伯格的团队准备了许多相同的光子，并用上面所说的方法对它们穿过双缝、击中相机的过程进行了测量。由于这些测量都是弱测量，所以需要大量重复实验的数据，然后再计算平均值。改变方解石晶体与双缝的距离（方解石所在的平面始终与双缝所在的平面平行），相当于改变弱测量发生的位点。研究人员不断地重复这样的测量，获得光子在各个平面内的平均动量。

　　实验中还有一种相关的测量：光子穿过方解石晶体所在的平面时所处的位置。借助光学仪器，CCD相机记录了每个光子穿过晶体时的画面。这被用于计算光子的位置。"问题的关键是，我们无法对光子在每个平面内的位置进行连续的追踪，但我们可以测量它在每个平面内的位置和方向，然后将二者联系起来。"斯坦伯格说。所以"我们可以在每个平面里标注光子的位置和动量，估计光子的运动方向，然后再把每个平面内的'箭头'连起来，形成光子的运动轨迹"。

这种做法最终得到的结果是研究人员还原出了光子的平均轨迹。看似不可能的任务成了可能。斯坦伯格还原的光子轨迹看上去非常像博姆力学模拟出的轨迹。需要指出的是，我们也可以用标准量子力学预测出完全相同的结果，因此这个实验不能用来判定哪种诠释才是正确的。但除了相同的预测结果之外，这两种诠释对现实的本质是什么却有完全不同的看法：博姆力学认为粒子以及粒子的轨迹真实存在，并不依赖于观测，而标准量子力学则认为是观测这个行为创造了现实。

2011 年，《物理世界》将斯坦伯格的实验评为年度突破，它的评语是："这是第一个在杨氏双缝实验中对单个光子的平均路径进行追踪的研究团队，斯坦伯格说在长久的'洗脑'下，物理学家普遍认为这种追踪是不可能的。"[157]

并不是每一个人都相信斯坦伯格的团队真的还原出了博姆轨迹，比如巴兹尔·希利，他现在已经是一名退休的名誉教授，但依然十分活跃。希利的观点是，他与杜德尼以及菲利皮迪斯在 1979 年的论文中展示的博姆轨迹只能代表速度远比光速慢的非相对论粒子。光子不仅没有质量，而且达到了光速，因此它是一种典型的相对论粒子。而物质粒子，比如原子，则属于非相对论粒子。即便希利对斯坦伯格的实验本身赞赏有加，但他依然认为，斯坦伯格用光子做的这个实验并不能还原粒子的运动轨迹。

为了检验非相对论粒子的轨迹，希利已经与罗伯特·弗拉克

（Robert Flack）以及弗拉克在伦敦大学学院的团队达成合作，设计并筹划自己的双缝实验。希利和弗拉克选择的实验粒子是氩原子。这个实验的想法形成于几年前，到瑞典参加会议的二人碰巧在吃早饭的时候聊了起来。当他们谈到是否有可能验证博姆的理论时，弗拉克（他是一名实验学家）说："我觉得我们可以试试。"

可是说起来容易，做起来难。"我有时候会希望自己没说过那句话。"弗拉克打趣道，我和他以及希利会面的地点是他们的实验室，它位于伦敦大学学院物理系的地下室。

"拜托，罗伯，你也知道，这让你的人生变得更有意义了。"希利也开玩笑说。

他们的实验首先需要制造一团处于亚稳态（能在这个状态下稳定维持大约 100 秒）的氩原子云，然后再把这些原子射向双缝。穿过双缝后，氩原子必须再通过一片磁场才能到达探测器。在斯坦伯格的实验中，光子从方解石晶体内穿出时偏振角度的变化可以反映光子飞行的角度，与此类似，氩原子在磁场内所走的路线也能反映出其本身的某些属性。这是一种弱测量。把一连串弱测量的结果拼起来就可以还原原子的运动轨迹，至少理论上是这样。

他们的团队仍在努力完善实验的步骤。我不禁感叹这些量子物理实验学家有多么精工细作。光学实验台、真空泵、激光发射器、反射镜，各式各样的东西摆得到处都是（他们会告诉你，每一件东西的摆位都相当精确）。整个实验室像极了五金机械商店，只不过它非常干净，没有半点儿机油的污迹，而且它要检验的对象远比普通的机械复杂深奥：它检验的是构成现实的基础。"身为一名理论学家，没想到我居然能在有生之年看到博姆理论得到实际的验证。"希利说。

虽然有的人，比如希利，可能不认同斯坦伯格的实验设计，但斯坦伯格的团队测算出的平均轨迹至少有一个相当明确的特点：光子的路径不会越过实验设备的中线。从左侧狭缝穿过的光子最后到达了光屏或相机的左半边，而从右侧狭缝穿过的光子最后到达了探测器的右半边。光子的路径会向中线聚拢，但永远不会越过。

尽管粒子的运动轨迹与博姆力学的预测一致，可仍有一个尚待解决的问题让人不得安宁。1992 年，马兰·斯库利和几个同事（他们一共四个人，按照姓氏的首字母缩写被称为 ESSW）提出，博姆力学预测了一个相当古怪的现象。假设我们可以在狭缝的附近放置一种探测器，它能以某种方式在不破坏粒子的前提下，告诉我们粒子穿过的是哪一条狭缝。ESSW 的研究表明，在某些情况下，当放置在左侧狭缝的探测器被触发时，粒子最终却会出现在光屏的右侧。可根据博姆力学，到达光屏右半边的粒子只可能来自右侧的狭缝，因为粒子的轨迹不能穿越中线。那么，为什么我们会在数学演算中看到，即便有时候光子到了光屏的右侧，但被触发的却仍是指示左侧狭缝的探测器？ ESSW 的解释不无挖苦的意味，他们写道："简而言之：博姆轨迹并非真实存在，它是一种超现实轨迹。"[158]

"在他们看来，这是针对博姆诠释的某种归谬法。"斯坦伯格说。在随后的几年里，许多研究者（包括希利）都在 ESSW 的分析中指出了各种各样的问题。博姆力学本身也被不断地改进和调整，物理学家提出了不同的版本，可是超现实轨迹这个问题从没有得到真正的解决。"基本上，在博姆诠释的每一个版本中，我们都会发现同样的情景，那就是当其中一侧的探测器被触发后，这些博姆模型预测的粒子轨迹却来自另一边（的狭缝）。"斯坦伯格说。超现实轨迹无疑是动摇博姆理论正确性的一块绊脚石。

斯坦伯格的研究团队正渐入佳境，想出了更多精妙的光学实验技术。他们想知道：超现实轨迹是否会导致博姆的理论毁于一旦。

作为一名实验学家，斯坦伯格对量子力学的理论诠释持不置可否的态度。考虑到ESSW提出的超现实轨迹问题，斯坦伯格对博姆力学的正确性心存疑虑。但他也认为博姆的理论在某些方面很有优势。首先，它重新引入了决定论。"对很多人来说，量子力学的标准诠释太数学化了，它太抽象，而且舍弃了决定论，可牺牲决定论并不是必要的，他们不明白这样做有什么必要，"斯坦伯格说，"他们说这是一个事关重大的哲学前提，你必须明确告诉我它与现实的冲突究竟在哪里，我才能舍弃决定论，否则的话，我会千方百计地将它保留下来。"博姆力学把决定论原封不动地保留了下来。

其次，博姆力学让非定域性的内涵更为明确。对贝尔不等式的检验清晰地表明，量子世界是非定域性的。"在标准量子理论中，非定域性显得颇为神秘，它是一种幽灵般的超距作用，而在博姆力学中，它是运动方程明确的组成部分。"斯坦伯格说。我们可以从博姆力学的数学表达式中清楚地看到某个粒子的运动如何瞬间受到来自其他粒子的影响。

当然，博姆力学破坏了薛定谔理论的简洁性。薛定谔把探讨的对象统称为量子态（由波函数表示），这种状态的演化遵循薛定谔方程。"你可以认为我们讨论的是粒子，你也可以认为我们讨论的是波，但这都不重要，总之波函数就是波函数，"斯坦伯格说，"可是在博姆力学里，所有的东西都多了一倍。所有的东西都既是粒子也是波。需要考虑的实体的数量变成了原来的两倍。我倒不觉得有什么，但有的人对此颇有微词。"

真正让斯坦伯格感到困扰的是超现实轨迹。"我跟ESSW一样，觉得这种轨迹完全说不通。"斯坦伯格告诉我。它"曾是让我对博姆描绘的图景心生怀疑的原因之一"。斯坦伯格等人在2011年那篇开创性的论文里展示了光子穿过双缝的平均轨迹，而他们接下来要验证的对象就该是 ESSW 所说的超现实轨迹了。

为此，他们需要对先前的实验做一个微小但关键的改进：把原本发射单个光子的光源换成能够发射纠缠光子对的光源。[159] 这种光子对的偏振方向处于纠缠态，它们要么是竖直偏振，要么是水平偏振。也就是说，如果我们在测量后发现其中一个光子的偏振角度是水平的，那么另一个光子的偏振角度就是竖直的，反之亦然。

我们姑且把其中一个纠缠光子称为系统光子，它会被射入用于测量平均轨迹的那套实验装置。整套装置几乎与之前的实验一模一样，唯一的区别是研究人员把普通的分束器换成了偏振分束器，以便让竖直偏振的光子进入左侧的光纤（相当于穿过左侧的假想狭缝），与此同时，水平偏振的光子将进入右侧的光纤（等效于穿过右侧的狭缝）。同我们在前面看到的那些实验一样，可以用光子的偏振信息来反推它的运动路径。

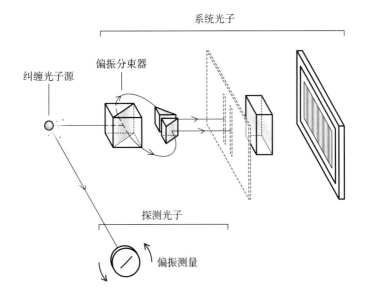

纠缠光子对中的另一个光子则是"探测"光子，它包含的信息能让我们在不干扰系统光子的情况下，探察后者在装置内的行进路线。

我们可以用这套装置做很多事。比如，我们只需要测量探测光子的偏振方向究竟是水平还是竖直，就能马上知道对应的系统光子在双缝装置内的行进路线是哪一条。因此，对于探测光子，如果我们知道它们的偏振方向是水平还是竖直，那么所有对应的系统光子在穿过双缝后都不会发生干涉，因为它们的路径信息已经暴露，将表现出粒子性。

但如果我们在与水平方向成45°角的方向上测量探测光子的偏振，那情况就不一样了。我们需要让探测光子穿过一台偏振方向是45°的偏振器，结果只有两种：它要么能穿过（意味着它的偏振角度是45°），要么不能穿过。这里的关键在于，探测光子原本是水平还是竖直偏振的信息被抹掉了。从数学上来说，这个光子是水平偏振还是竖直偏振的概率现在变成五五开了，而对应的系统光子现在也有一半的概率是水平偏振，有一半的概率是竖直偏振，所以系统光子处于同时穿过左侧狭缝和右侧狭缝的叠加态。最终，这样的系统光子会在CCD相机上形成干涉图样。

这其实就是马兰·斯库利的量子擦除实验。

斯坦伯格的团队需要做的事远不止擦除光子的路径信息。首先，他们要测算系统光子穿过双缝时的平均轨迹。借助方解石晶体，他们对系统光子进行了弱测量，而与此同时，他们也要测量每一个对应的探测光子，看它的偏振角度是不是某个特定的值。以这种方式测量探测光子的偏振角度会对穿过双缝的系统光子产生怎样的影响呢？

研究团队发现，选择在特定偏振角度上测量探测光子，这种做法会立即对系统光子产生影响，导致后者的轨迹发生改变（这是对许多粒子进行测量之后得出的结论）。"所以我们直观地看到了这种理论的非定域性，"斯坦伯格说，"如果不关注（探测）光子的话，我们并不能预测系统光子的运动轨迹应该是什么样子。"

到了这一步，研究团队终于可以提出那个关键的问题了：会不会真的有一些轨迹是超现实的？为了回答这个问题，他们开始研究系统光子的运动轨迹。对于每一条轨迹，研究人员会在系统光子处于轨道上的不同位置时，检测探测光子的偏振角度。光子的偏振是否会在系统光子飞行的途中发生改变？

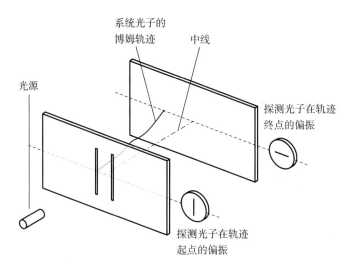

答案显然是肯定的。假设一个系统光子的运动轨迹始于左侧的狭缝，此时探测光子的偏振方向是竖直的。随着系统光子穿过实验装置，探测光子的偏振方向会不断地发生变化，这也体现了两个光子间的相互作用是非定域性的。另外，实验中还会出现下面这种情况：系统光子从左侧的狭缝出发，到达CCD相机屏幕的左半边，而对应的探测光子最终却有一半是水平偏振，另一半是竖直偏振——它是水平偏振或竖直偏振的概率相同。让我们把话说得更明白一些：由于探测光子的偏振方向反映了系统光子穿过的是哪一条狭缝，所以有的探测光子表明，系统光子穿过的是左侧的狭缝，而另外的探测光子表明，系统光子走的是右侧的狭缝，哪怕博姆轨迹清晰地表明，从左侧的狭缝出发的系统光子自始至终都停留在实验装置的左半边，绝对不会越过中线。

这正是ESSW从理论上推导出的超现实轨迹。不过在他们看来，这种轨迹毫无意义，因为这种博姆轨迹与探测器检测到的路径信息不符。但斯坦伯格的实验表明，从双缝到光屏，系统光子始终都在以某种非定域性的方式影响探测光子的偏振状态，也就是在以非定域性的方式影响路径信息探测器。因此，当有的系统光子到达轨迹的终点时，探测光子的偏振可能会发生变化，比如从水平偏振变成竖直偏振，导致有人错误地认为对应的系统光子来自右侧而非左侧的狭缝。如果你不知道光子之间存在这种非定域性的影响，自然就很容易把这种情况当成博姆力学的谬误，就像ESSW那样。斯坦伯格团队认为博姆力学具有一致性和合理性，他们认为ESSW的论证并不能将其否定。

当系统光子在双缝附近时，探测光子的偏振方向是正确的。但有的时候，在系统光子到达CCD相机的那一瞬间，探测光子的偏振会因为受到某种非定域性的影响而发生改变。因此，如果你觉得路径探测器的最终结果总是真实的结果，那么用它反推出的轨迹有时候确实是超现实或者说站不住脚的。但现实情况显然并非如此。

虽然这些发现仍有争议（部分原因是博姆理论有许多不同的版本，另一部分原因则是我们在弱测量的定义上莫衷一是），但对包括斯坦伯格在内的一些人来说，考虑到超现实轨迹已经有了完全合乎情理的解释，博姆力学或许真的有可能成为取代哥本哈根诠释的理论。斯坦伯格的实验表明博姆力学无法被否定，至少目前还不能。

当然，我们也可以用标准量子理论来解释同样的实验结果。"它肯定不能区分哪种理论更正确，"斯坦伯格说，"类似的实验充其量只能算是一种提醒，告诉人们其实还有像博姆诠释这样的理论存在（他们要么已经忘记，要么从来没有听说过博姆力学）。而且就算刚刚听说的时候可能觉得有些神秘，但他们会看到这种隐藏的轨迹其实非常直观，你可以很容易地走进实验室来测量它们。"

博姆熬了很多年才从驱逐地巴西搬到了英国，但他的理论从提出到获得认可再到被认为有实验验证的价值却用了更长的时间。"他的诠释还没有获得足够的关注，很多人都还不知道这种理论，而我们想……让它和众多其他的诠释一样，获得应有的地位。"斯坦伯格说。

哲学家戴维·阿尔伯特认为，对于博姆的理论所受的严重冷遇，当时的政治环境难脱干系。"博姆的理论没有引起足够的反响，有相当一部分原因与这个理论提出的时间有关。就在博姆构思这个理论的中途，发生了他拒绝非美国活动委员会的传唤和遭到驱逐这两件事。这与他的理论没能广泛传播有密切的关系，"阿尔伯特说，"科学研究里也充斥着人情世故，量子力学基础研究的发展史是一个尤为生动的例子。"

阿尔伯特认为，就连哥本哈根诠释的兴起也可以看作是 19 世纪末 20 世纪初的"表述危机"间接造成的结果。当时，表述危机几乎扫荡了整个人文领域，包括文学写作。语言能否概述客观实在？现代主义文学认为不能：它通过玩弄视角，强调任何单一的世界观都具有内在的不确定性和模糊性。现代主义的崛起源于"现代人意识到自己身为观察者，在创造或缩减感官世界里扮演着何等重要的角色"[160]，这种思潮的极端形式便是，"所有的事物都只是感官投射的表象，都来自我们的思维，因此真实的世界根本不存在"。

"文学中的现代主义应该是为了回应文学领域的表述危机。物理学也想制造一场属于自己的表述危机。"阿尔伯特说。它最终如愿以偿：量子物理学宣称，"我们根本不知道粒子在上一次测量和下一个次测量之间的时间里发生了什么，所谓清楚、客观、真实地描绘这个过程，这种事根本就不存在"。

博姆的想法显然挑战了这种观念。戈尔茨坦比谁都清楚，有越来越多的人开始讨论博姆的想法。"几十年过去了，人们终于开始认真看待博姆力学，"他告诉我，"曾经，你甚至不能公开谈论这种理论，因为它被当成异端，不属于哥本哈根学派。这是一种物理学界的政治正确。直到今天，研究博姆力学对一个物理学家来说依然极有可能是个自毁前途的选择，不过这种情况或许正在改变。"

尽管作为一种非定域性实在论，博姆力学对某些人来说极富吸引力，但也有一些人认为它并没有那么重要。就连斯坦伯格本人——正是他的实验让博姆力学重新焕发光彩——也对博姆的想法持相当怀疑的态度。斯坦伯格认为博姆力学的问题之一是它把粒子的位置看得比其他任何性质都特殊：只有位置这个性质被赋予了隐变量的殊荣。那粒子的自旋呢？偏振呢？博姆理论将不同的性质区别对待，除了粒子的位置外，对其他性质对应的隐变量一概不提。"我必须承认，我一直都对这一点非常反感，"斯坦伯格说，"因为从我开始学习量子力学起，我就没有觉得粒子的位置有什么特殊之处。我们应当对所有的测量一视同仁。比如有的设备是用来测量粒子的偏振的，那我们就应该有另一个代表偏振的隐变量。"

对于位置在隐变量中享有的特殊地位，戈尔茨坦的看法与斯坦伯格不同。"我倒觉得这是博姆力学的优点，它代表我们并不需要其他具象化的可观测量，也完全可以明白量子测量中发生了什么，"他说，"只需要位置这个性质就足够了。确实有人曾提出，要在博姆力学中加入其他的可观测量。但结果非常糟糕，这种做法没有什么意义。"

戈尔茨坦对博姆力学青睐有加，而斯坦伯格既不支持正统的量子力学，也不支持博姆力学，他在努力探索其他的可能性。"我最希望看到的情况是，目前的量子理论并不是一种完备的理论，而我们可以发现某种超越量子力学的理论，它可以解决眼前所有的问题，"他对我说，"我在等待。"

英国牛津大学的理论物理学家罗杰·彭罗斯与斯坦伯格的看法一样，也认为目前的量子力学是不完备的。我曾到彭罗斯的家中拜访他，我们坐在他的后院里，满眼尽是牛津乡村的田园风光。"量子力学是一种临时的理论。"彭罗斯这样对我说。紧接着，他又向我解释了为什么引力（我们在认识量子世界的过程中，已经很久没有提到这个概念了）或许可以修正量子力学（至少在那些认为量子理论需要修正的人看来）。而且同之前介绍过的内容一样，他的解释一如既往地以双缝实验作为切入点。只不过这一次，彭罗斯设想的并不是一个粒子穿过两条狭缝的情景，而是有一只猫同时走了两扇门。

第 7 章

——————

找到最大的薛定谔的猫
将时空引入量子理论

如果一个上午上广义相对论课、下午上量子力学课的大学生认为，他的教授们是一群傻瓜，或者觉得这些人至少已经有一个世纪没有同对方说过话了，那这是情有可原的，我们应该原谅这个学生。[161]

——卡洛·罗韦利

我和罗杰·彭罗斯本来约在牛津大学见面，可到了约定的那一天，他却因为有事不能出门。所以我只好在他的指导下前往他的住所：他给我发了一张手绘地图，那是在将近 20 年前，他给前来恭贺乔迁之喜的宾客们画的，从那以后，只要附近有什么新的变化，他都会给自己的地图做相应的更新。这幅指示他住在牛津哪里的高水准地图没有统一的比例尺，不过信息量倒是很足，彭罗斯甚至还专门画了一个细节图，详细地展示了以自己家为中心、方圆几百米内的街道和房屋（从宏观到微观，我是这么认为的）。地图上还标注了警告："很好看的大门（不是我们家！）"，"宏伟的老房子，不是我们家"，"设计精巧的大门，不是我们家"。他的房子上有一个箭头，旁边写着："这个坏掉的大门才是我们家。"

彭罗斯对手绘的痴迷在我和他谈话期间暴露无遗。他极力回避使用图表和动画这些复杂的展示形式，讲解时都是靠传统的投影仪协助。他经常徒手绘制多张透明幻灯片用来展示一个图像，每张五颜六色的幻灯片都由他亲笔绘制，并做了注释。他会娴熟地摆弄它们，在叠放和滑动这些幻灯片的过程中，一个复杂的故事便渐渐成形了——比如为什么一只猫能处于亦生亦死的叠加态。

彭罗斯是一位数学物理学家，他最知名的研究是关于广义相对论和宇宙学的，尤其是黑洞和大爆炸的奇点，我们已知的所有物理法则在这里都不适用。部分原因是超强引力场必然涉及微观尺度的物理学：广义相对论作为一种阐释宏观引力的理论，当被推广到微观时必须与量子力学相容。但是到目前为止，与其他三种自然界的基本力不同，引力始终没有被量子化（例如光子是电磁力的量子，可我们仍未发现引力的量子）。不过，研究量子引力理论的人中有这样一种共识，他们认为广义相对论必将在这场双雄争霸中落败，而量子力学的理论框架则会基本保持不变。

可彭罗斯却不这么想。"两边都必须做出让步，"他告诉我，"这不是什么你死我活的决斗，而必须得是携手共进的联姻。"彭罗斯认为，二者的强强联合意味着量子力学可以修正他眼中的某个问题。"量子力学的问题在于……它实际上根本说不通。"他说。

说到这里，他停顿了一下。"我不应该搬出权威来说事，"他说，"因为你也知道，两边都有权威坐镇。"然而，他还是指出，爱因斯坦、薛定谔、德布罗意都觉得量子力学有很大的问题，甚至连狄拉克都隐隐有这样的感觉。薛定谔用一只以自己的名字命名的猫将这份不安夸张地表达了出来：他提出了一个明显违背我们常识的思想实验。

为了彰显这个思想实验的荒谬之处，彭罗斯对薛定谔的猫做了改进，他戏称这样做"更人道一些"。假设我们把猫放在一个房间里，它的面前有两扇门，都可以通向隔壁的一个房间。假设决定这两扇门中哪一扇门开启的是量子机制：彭罗斯设想让一个光子穿过分束器，如果它发生了反射，那就打开左边的门，如果它发生了透射，那就打开右边的门。建立这样的关联后，整个体系就处于"左门开启，右门关闭"和"右门开启，左门关闭"的叠加态。[162] 猫咪从任意一扇门进入隔壁的房间，都能得到食物。双缝实验中，粒子的状态可以是同时穿过两道狭缝的叠加态，但常识告诉我们，猫不可能同时从两扇门里走过。即便如此，"从量子力学的角度看，你不得不认为这两种情况是共存的，因为只有这样才能得到正确的答案"。彭罗斯说。

用量子力学的眼光看待猫咪意味着猫的波函数同时进入了两扇门，猫的运动处于某种叠加状态。根据哥本哈根诠释，只要与经典物理体系发生相互作用，就算是一种测量行为，比如用监控摄像头拍下猫进门的画面。测量会导致波函数坍缩，并让我们看到猫从其中一扇门里走过的结果。同绝大多数认为量子力学有问题的物理学家一样，对于"测量是波函数坍缩的必要条件"，彭罗斯觉得这种说法叫人难以置信。

理清这团乱麻的办法之一是确定量子世界和经典世界之间是否真的有明确的界线：如果有，那么猫永远都是经典的对象，我们就不能把它当成量子物体对待。几十年来，彭罗斯一直都有一个激进的想法，他认为这样的界线是存在的，而且波函数不需要受到测量就会发生自发的坍缩，这可以解释为什么像猫这么大的物体，它的叠加态只能维持非常短的时间，迅速就会演变成确定的经典状态。以薛定谔的猫为例，彭罗斯的理论意味着整个体系会自发地坍缩，因此猫咪几乎会在一瞬间就坍缩成死亡或者存活的状态。

彭罗斯的这种解释方式涉及引力，它可以粗略地预测应该如何才能找到经典世界和量子世界的界线。"我们不是看量子力学对引力的影响，而要看引力对量子力学的影响。"他说。

那是一个冷飕飕的英国式午后，我们坐在后院的木桌边，彭罗斯摘下眼镜，把它放在桌面上。眼镜是有质量的，所以根据广义相对论，它会扭曲附近的时空。引力是时空的曲率：物体的质量越大，它造成的时空曲率就越大（黑洞能使时空发生剧烈的扭曲，眼镜在这方面就差很多）。但是，如果眼镜处于同时位于两个位置的叠加态（彭罗斯一边讲解，一边来回移动他的眼镜），那么它在其中一个位置造成的时空扭曲与它在另一个位置造成的时空扭曲就是不同的。"因此，现在我们有了两种稍稍不同的时空形成的叠加态。"他说。而彭罗斯认为，这是一种不稳定的状态，如果来回腾挪的质量很大，那么这种叠加态会迅速被摧毁。

假设我们可以通过实验，让少量的物质陷入同时位于两个不同位置的叠加态，彭罗斯说，"我认为随着时间的推移，它的叠加状态将自发地变为其中一种确定的状态，而且这个过程的时间尺度是可以粗略计算出来的"。

按照彭罗斯的观点，两个时空的相互叠加会在四维时空内产生一种"空泡"。四维时空中三个是空间维度，还有一个是时间维度。当空泡在四维空间内膨胀到一个普朗克单位的尺寸（一普朗克单位的长度约为 10^{-35} 米，时间约为 10^{-43} 秒）时，它的叠加态就会自发地坍缩成某一种确定的状态。

就他的眼镜而言，这种时空空泡的形成时间远比一个单位普朗克时间短。"它几乎是瞬间完成的。"彭罗斯说。这就是为什么我们永远看不到宏观物体表现出叠加态，而对亚原子粒子来说，这种时空空泡要用很长时间才会自发破裂，"几乎跟宇宙的寿命一样长"，所以微观粒子相当于永远不会发生坍缩。

彭罗斯还有另一种看待两个时空发生叠加的方式。我们再以他的眼镜为例。在不受其他外力作用的前提下，一个系统维持自身完整所需的能量被称为该系统的引力结合能——彭罗斯的眼镜正是因为有足够的引力结合能才能形成一副眼镜的形状。当然，这个概念适用于所有的物质，而不仅仅是彭罗斯的眼镜。如果这副眼镜所在的位置是两个地点的叠加，那这个体系的引力结合能就是不确定的。紧接着，彭罗斯便诉诸海森堡的不确定性原理，用它来说明无法同时测量这种体系的能量和它的叠加态能够持续的时间：我们越是精确地知道一个系统的能量，就越是不清楚它会持续多长的时间，反之亦然。彭罗斯通过在叠加态体系的引力结合能中引入这种不确定性关系，估算出了一个系统的叠加态能在稳定维持多长的时间后坍缩成一种确定的状态。彭罗斯自己也承认这种估算只是个大概，他说："我不知道它会在什么时候发生，我也不知道它会向哪一边坍缩，但我可以给你一个估计。"

彭罗斯坚信引力肯定在波函数的坍缩中扮演了某种角色，但研究量子力学理论基础的物理学家和哲学家对这个观点却一直不以为然。这很可能是因为彭罗斯的主张相当于要修改量子力学，尤其是改变了波函数的演化遵循薛定谔方程这一点。引力诱导波函数坍缩的观点糟蹋了一个原本相当漂亮的理论，但它的确为量子世界和经典世界之间存在界线提供了一种合理的解释。

约翰·贝尔始终认为哥本哈根诠释所说的边界是个令人头疼的麻烦，它定义不清，却暗含在整个诠释之中。所谓的经典测量装置，最终同样是由原子和分子构成的，每一个原子和分子都可以被视为量子体系，可当它们的数量积累到某个不明的临界点之后，我们却突然得把它们看成经典物体。贝尔把这种区分两个世界的方式称为"不可靠的分界"[163]，他不认可这样的做法。彭罗斯的理论虽然牺牲掉了波函数演化的优美模型，但它或许可以解释为什么经典世界和量子世界之间存在差别。

彭罗斯不理解为什么人们会反对修改量子力学。他指出，牛顿力学占据主流的时间远比今天的量子力学长。"当时的人们相当笃定，认为那就是永世不变的真理。"彭罗斯说。然而事与愿违。不仅如此，牛顿力学甚至没有遇到测量悖论。"所以我不明白人们为什么这么笃信（量子力学）。"

引力诱导波函数的坍缩可以作为一种相对更一般的解释，用来解决测量问题。1986 年，大约正是彭罗斯和其他人［其中最有名的要数匈牙利物理学家拉约什·迪欧希（Lajos Diósi）[164]，他比彭罗斯更早产生引力能够诱导波函数坍缩的想法］在构思引力可能扮演了什么角色的时候，三名物理学家——他们分别是贾恩卡洛·吉拉尔迪（Giancarlo Ghirardi），阿尔贝托·里米尼（Alberto Rimini）以及图利奥·韦伯（Tullio Weber）[165]——想出了另一种修改量子力学的方法。

这三人的理论被称为 GRW，它修改了波函数演化的方式。GRW 认为粒子的波函数不完全遵循薛定谔方程，所以它在动态方程里添加了一个成分，使波函数可以随机发生坍缩。但导致坍缩的原因既不是迪欧希和彭罗斯认为的引力，也不是哥本哈根诠释所说的测量，而更像是一种自然而然的过程，一种大自然的内在属性。随机的坍缩让粒子的波函数从弥散的状态转变为相对局限的状态。从数学形式上看，原本的波函数是弥散的，它代表粒子可以同时处于许多不同的位置，而 GRW 给它乘了一个额外的函数。你可以如此想象这个函数：它在几乎所有的物理位置上都等于零，唯独在其中一个位置上迅速从零飙升到某个峰值。波函数乘以这个函数的净效果便是发生坍缩，导致粒子被大致局限在时空中的某一个点上。

为了使理论预测的结果尽可能接近量子力学，GRW必须保证两件事。第一，这样的自发坍缩在每个粒子身上必须极其罕见，只有这样，粒子才能在任何可测量的时长内保持叠加态。第二，对于一大群粒子，比如构成猫的那些，它们的波函数发生坍缩几乎是必然事件，只有这样，猫才能处于某种宏观的、可辨别的状态，而不是叠加态。在GRW最早的版本中，三位物理学家展示了这个理论只要构建合理，就可以让单个粒子坍缩所需的时间长达近1亿年，同时让一个含有 10^{20} 个粒子的宏观物体几乎瞬间（不到几十纳秒，但确切的数字因估算方式的不同而不同）完成坍缩。

同所有修改量子力学的理论一样，GRW模型也被发现存在瑕疵，所以有人试图对GRW进行进一步的完善。比如，在处理一大群性质完全相同的粒子（例如一堆没有明显区别的电子）时，GRW模型的效果并不是很理想。另一个版本的自发坍缩理论解决了这个问题。当然，GRW模型可以通过微调参数这种权宜之计，使自己更契合实验的结果，这一点令不愿接受这种理论的人很不安。无论是哪一个版本的模型，基本的观点都是一样的：波函数会自发地坍缩，与是否受到测量没有任何关系。"坍缩是随机的，每个粒子每时每刻都有可能发生坍缩，这种坍缩在单位时间内有一个固定的概率，"对GRW理论青睐有加的哲学家戴维·阿尔伯特说，"我们没有必要谈论测量或者其他类似的东西。使用这些字眼是没有必要的。"

就连约翰·贝尔在得知这个理论后也留下了深刻的印象。"从GRW理论的角度看，多数量子理论中那些令人感到难堪的宏观不确定性仅仅是暂时的。猫可以是既生又死的状态，但这种状态不会超过一瞬间。"[166] 他写道。

贝尔认为更重要的是，坍缩理论还让所谓的坍缩有了数学基础。他说这类理论"有某种优点……它们用实实在在的数学公式取代了模棱两可的言语，公式就是公式，它不会骗人，不用反复解释和争论，我们只需要推导和计算，算出来什么就是什么"。[167, 168]

这正是某些实验学家在做的事。无论是彭罗斯的理论还是类似GRW的理论，对于量子世界和经典世界的界线可能在哪里，它们都给出了可以用实验进行验证的预测。虽然今天的实验技术似乎还不足以检验这些理论预测是否符合事实，但维也纳实验学家马库斯·阿恩特（Markus Arndt）并没有知难而退。为了寻找量子世界和经典世界的分界线，阿恩特用分子（不再是光子、电子或者原子）做了一种更复杂的双缝实验，他按照尺寸的大小，依次将分子送入实验装置，看它们是否能发生干涉。有朝一日，当他能够确定无疑地宣布某个尺寸的分子因为体积过大而无法发生干涉（意味着它们无法稳定维持同时走过两条路径的叠加状态）时，他就算是找到大自然的这条界线了。而眼下，他很高兴地宣称自己的团队已经找到了体形最大的"薛定谔的猫"去敲开两道门。

薛定谔的猫在今天的语境里已然成了一种代称，它指的是能够维持自身叠加态的宏观物体。对阿恩特来说，他的实验研究的分子就是这样的物体。尽管再大的分子都远远比不上哪怕体形最小的猫，但研究团队已经在质量相当于 10 000 个质子的分子中观察到了叠加态，这是他们到目前为止找到的同时穿过双缝的最大叠加态宏观物体。"我宣布，我们发现了最大的薛定谔的猫。"阿恩特半开玩笑地说。要被算作薛定谔的猫，一个量子体系应该"相当宏观；它至少应该像猫一样温暖，并且含有生物活性分子"。阿恩特在叠加态实验里使用的分子无疑达到了宏观的尺度，而且它们确实是生物活性分子。但与体温在室温左右的猫不同，由于实验条件的限制，阿恩特的分子温度要高得多。"真的猫早就被烫死了。"他开玩笑说。

阿恩特对这种实验的兴趣始于他在巴黎高等师范学校师从让·达利巴尔（20 世纪 80 年代，达利巴尔曾是阿兰·阿斯佩的学生，两人一起研究贝尔不等式的验证方法，但达利巴尔后来自立门户，有了自己擅长的领域，主要是利用激光和磁场束缚原子）做博士后的时候。这个巴黎的研究团队曾用铯原子证实了德布罗意提出的波粒二象性。

阿恩特后来继续跟随安东·蔡林格做博士后研究，先是在奥地利的因斯布鲁克，后来又同蔡林格一起搬到了维也纳大学，如今的他已经在玻尔兹曼巷拥有了自己的实验室。阿恩特的团队正在推进很多实验，其中一个与量子力学的基础尤为相关，这个实验必须涉及分子的干涉测量：它是一种进阶版的双缝实验，需要用到大分子和纳米颗粒。蔡林格早年曾是某个科研团队的一分子，这个团队演示了如何用单个中子完成双缝实验，那还是 20 世纪 70 年代，中子是当时的物理学家在双缝实验中用过的质量最大的粒子。不久之后，他们发现原子也可以进入叠加态并发生干涉。1991 年，德国康斯坦茨大学的于尔根·姆利内克（Jürgen Mlynek）和同事们一起，让氦原子穿过了两条宽 1 微米、间隔 8 微米的狭缝，随后观察到了原子的干涉。[169][很多人都曾测量过原子的干涉，其他知名人物还包括麻省理工学院的戴维·普里查德（David Pritchard），他在 1983 年证明原子在遇到光栅时会发生衍射[170]，还有东京大学的清水富士夫，他在 1992 年宣布成功用氖原子完成了双缝实验[171]。]从那以后，这件事就变成了某种竞赛，物理学家的下一个目标是分子，他们要比比谁能找出最大的薛定谔的猫。

分子干涉实验最为关键的一点是避免分子在实验的过程中撞击周围的粒子。如果与光子、电子或者空气分子发生相互作用，作为实验对象的分子就会与环境形成纠缠，造成原本处于相干态的分子退相干。"在这样的情况下，我无法探测（分子的路径信息），而环境可以。"阿恩特说。理论上，只要环境中含有分子的路径信息，分子的叠加态就肯定会被破坏。因此，避免退相干最好的办法就是把整个实验搬到真空室里做。

1999 年，蔡林格、阿恩特以及他们的团队完成了世界上第一个大分子多缝实验，实验中使用的大分子由 60 个碳原子组成（这是一种结构稳定的碳分子，最早发现于 1985 年，由于它规则的三维结构很像巴克敏斯特·富勒设计的几何穹顶，因此被命名为巴克敏斯特富勒烯，或者简称巴基球）。[172] 巴基球的直径在 1 纳米左右，分子束的飞行速度是 200 米/秒，根据德布罗意的粒子波长和动量换算公式，巴基球分子束的波长大约是分子直径的 1/350。物体的质量越大，它们的德布罗意波长就越小，这也是通常情况下我们无法在常见的大型物体上观察到波动性的原因之一。但是根据量子力学，如果我们让巴基球一个一个地穿过双缝，它的波动性应该会表现得很明显。研究人员的实验表明，巴基球分子的确能进入叠加态，它可以沿两条不同的路线前进并发生干涉。

阿恩特马上强调，同单光子实验一样，他们在这些实验中观察到的干涉现象是在单个分子的层面上看到的量子效应。我们可以利用质心的波函数来描述一个分子。这个波函数的概率幅在不同的空间位置也不一样，我们可以根据概率幅计算分子出现在特定位置的概率。穿过双缝的每一个分子都必须具有相似的波函数，以确保随着时间流逝，它们能够叠加成干涉图样，否则我们只能看到模糊的干涉图样，其至根本看不出任何规律。

让光子、电子或者中子拥有相似的波函数相对还比较简单，分子就没那么容易了：我们必须保证它们以相同的速度、朝相同的方向运动。这是个艰巨的任务，因为与气体原子不同，"分子不喜欢飞行"，阿恩特说。分子更容易附着在物体表面或者其他的分子上，很难如我们所愿，乖乖地从发射源出发，径直奔向双缝或者更远的地方。

为了让分子离开发射源，我们必须加热它们，或者以其他方式发射它们，但是又不能用太剧烈的方式，以免它们因为热能过高而不能发生干涉。随着研究团队选用的分子越来越大，这些苛刻的条件意味着他们不得不诉诸复杂的化学原理，人工合成符合上述需求的实验分子——分子内部的各个原子之间必须有足够稳定的化学键连接，但分子和分子之间又不能相互吸引，不能太"黏"。到目前为止，这个研究团队在分子多缝实验中最引人注目的成果是合成了一种庞然大物：他们专门设计了一种由284个碳原子、190个氢原子、320个氟原子、4个氮原子和12个硫原子构成的特制分子。[173] 这样一个分子足足包含了810个原子，总的原子质量高达10 123。负责合成这种分子的团队由瑞士巴塞尔大学的马塞尔·马约尔（Marcel Mayor）领导。极高的氟含量犹如给分子套上了一层特氟龙外壳，让分子很难轻易地粘连在一起。

这种分子在离开发射源时的温度为220摄氏度，确实不是猫能够承受的。

无论用的是猫还是分子，实验的目标都是设法让宏观物体的波函数进入叠加态。所以实验的第一步是同步每一个分子的波函数，为此，分子束必须经过水平和竖直两个方向的调校，方法也很简单，只要让分子穿过狭窄的缝隙就可以了，最终能够穿过狭缝的分子仅占全部分子的大约千万分之一。经历这一步的分子束会变得非常细，但并不是所有分子都以相同的速度移动，所以它们的波函数也不一样。我们还要继续对它进行筛选：这些分子必须穿过三道距离和高度皆不相同的狭缝，能够穿过这三道狭缝的分子将在空中划出一条抛物线。你可以想象抛掷一个球的情景，抛出的球会沿抛物线运动，弧线的形状取决于球被抛出时的初速度。或者也可以反过来看，抛物线相同的球初速度也相同。阿恩特及其同事正是利用了这个简单的事实，他们用三道狭缝确定了一条抛物线，所有能够走完这条弧线的分子都具有相同的速度。这一步结束后，他们对分子束速度的校准也就完成了（只有 10%~15% 的分子符合要求），类似的速度代表类似的波函数。

想让这些分子发生干涉，我们还需要克服另一个难题。一个粒子如果要处于沿两条路线前进的叠加状态，那它的波函数首先得弥散得足够宽，至少应该能同时够到两条狭缝。对于实验台的尺寸而言，这个前提条件对光子和电子来说并不算苛刻。但对分子来说却不然：分子必须走出很远的距离，其波函数弥散的宽度才能符合实验的要求，这导致直接进行实验的可行性为零。因此阿恩特的团队想出了一个妙计。他们先让分子通过一连串极其狭窄的单缝，每次穿过单缝，分子的波函数都会在狭缝的另一边发生一次衍射，然后迅速向前弥散。如此一来，就算光栅到发射源的距离不是太远，当波的前端到达光栅时，它的宽度也足以同时覆盖至少两条狭缝并因此进入叠加态了。你可能对我们在这里探讨的尺度有多小没什么概念：在光栅上，两条相邻的狭缝宽度仅为 266 纳米（大约是人类毛发直径的十万分之一）。为了保证分子一定可以撞上两条狭缝（因为我们无法精确引导它们的落点），研究团队将分子束在光栅上的照射宽度放大到 1 毫米，相当于大约 4 000 条狭缝。每一个分子的波函数都只会覆盖相邻的两条狭缝，所以就最终的效果而言，每个分子都像是从双缝中穿过的。

还剩最后一个难题：设法探测穿过双缝后的分子究竟落在了哪里。探测光子相对比较容易，我们只要用感光板就能记录光子的撞击点。但分子可比光子庞大、笨重得多。"一旦（落）到界面上，它们就会发生翻滚，而如果出现这种情况，干涉图样就会被弄得乱七八糟，"阿恩特说，"所以我们要想办法，在分子撞击界面的瞬间将它束缚在原地。"

这意味着需要设计一种能够捕获并固定分子的特殊表面。研究团队想到的一个办法是利用重构硅这种材料。重构硅本质上是纯度极高的硅，表面有很多裸露的化学键，这些化学键犹如一条条等着分子自投罗网的手臂。巨大的分子只要落到这种硅的表面就会被束缚住。随着时间的推移，大量分子在硅屏表面的各个位置逐渐累积。

但与感光板不同的是，分子形成的图样无法凭肉眼看见。阿恩特的团队不得不用扫描电子显微镜研究重构硅的表面，而他们在镜下看到的正是干涉图样。分子大量聚集的位置是亮纹，而数量稀少的地方则是暗纹。

这里有必要重申，实验中的干涉现象并不是发生在分子与分子之间。这是单分子干涉：用标准量子力学的话来说，就是每个分子都处在同时穿过两条狭缝的叠加态，正是这两种状态发生的干涉让分子最后可以落在某些特定的位置（亮纹），却不会落到另一些地方（暗纹所在的位置）。

"你会看到物体（表现得）好像可以同时位于几个不同的地方，这是量子物理学最生动直观的怪异之处，"阿恩特说，"当然，随着物体的体积变得越来越大、内部的结构变得越来越复杂，类似的性质与常识的矛盾变得越来越尖锐——至少从心理上来说如此。它让我们产生了那个疑问：为什么我不能同时出现在两个不同的地方？"

要用模棱两可的话语解释这个实验的结果并不困难。首先，分子是一种粒子，是成个成个的"东西"；然后这个实验必须承认，粒子不仅有德布罗意所说的波长，每个分子还有各自的波函数，而且波函数可以弥散。我们要把分子当成一种实体粒子，它拥有真实的运动轨迹，而与此同时，有一种波函数同时穿过了两条狭缝，这就是博姆力学的意味。

"说实话，如果你一直盯着（这些）物质波看，偶尔也会冒出类似博姆力学的想法。这是很难避免的，"阿恩特说，"在描述实验中的干涉时，我们总会不自觉地把粒子想象成一个整体，它有质量，它带电，它的内部在发生着变化，等等。每当它与光栅发生相互作用时，我们都会把它想象成一整个粒子，但它又肯定以某种方式携带了与不止一条狭缝有关的信息。在这样的情景里，想象有一种导航波在引导粒子运动是相对更直观易懂的方法。这种方法与博姆的理论最为相近。"

但从博姆理论的角度看待这个问题却不是维也纳学派的做法。"维也纳的物理学界从不认可德布罗意–博姆力学。"阿恩特对我说。考虑到在量子力学的维也纳学派中扮演领袖角色的人是深受尼尔斯·玻尔以及哥本哈根学派影响的坚定的非实在论者安东·蔡林格，阿恩特的这番话也就不难理解了。

阿恩特马上指出，尽管他看待物质波的方式带有博姆力学的倾向，但在如何理解分子内部状态的变化上，他依然是一个非实在论者：阿恩特认为，除非进行测量，否则粒子的各种状态实际上并不存在。而且，阿恩特真正的目标其实是明确量子世界和经典世界之间是否真的有分界线——无论它是彭罗斯的引力坍缩理论还是各种版本的GRW坍缩理论预测的那种分界线。很遗憾，目前要验证这两种理论所做的预测还没有那么容易。阿恩特依然记得在GRW理论刚刚被提出的时候，大家都觉得在分子干涉实验中就能观察到坍缩，从而确定量子世界和经典世界的分界线，很多人认为这个临界点应该会出现在分子的大小达到10^9（也就是10亿）原子质量单位时。这还在实验学家能亲手验证的范围内。后来，又有理论学家把临界点提高到了10^{16}原子质量单位，导致这个理论的证伪变得极其困难。"理论学家的工作很简单，"阿恩特说，"他们只要改改参数就可以了。"

实验学家的日子就没有那么轻松了。随着分子质量的增加，实验学家必须想办法降低它们的速度，否则分子的德布罗意波长会变得很短，很容易因为狭缝不够细而导致我们看不到干涉现象。而就算实验学家成功地降低了分子的飞行速度，他们也要面对另一个问题：分子飞行的速度越慢，它们穿过双缝实验装置所需的时间就越长，在分子的飞行时长超过一定的限度后，我们就不能忽略地球的自转对分子运动的影响了。分子必须沿直线穿越真空的环境，中间不能与其他任何东西发生作用，而如果实验的用时长于数秒钟，由于地球的自转，真空室和光栅在这个过程中移动的距离足以造成中线的偏移。

阿恩特的计算表明，他们可以在实验室内进行验证的分子的质量上限是10^8原子质量单位，这比目前的最高纪录大10 000倍左右。他们甚至在用生物学样本进行实验，比如烟草花叶病毒，它的大小约为10^7原子质量单位。"这没有超出可以在实验室里进行验证的质量上限，至少从理论上来说是这样，"阿恩特说，但病毒却很不配合，"我们想了很多办法来发射病毒颗粒，但它们每次都会散架。"

若想用质量更大的粒子进行实验，一种可行的办法是改用金属或硅的纳米粒子。为了排除地球引力的影响，这样的实验必须在太空或者自由落体塔里进行。前者过于昂贵，自由落体塔相对现实一些，它内部的空气几乎全部被抽走。由于没有空气阻力，物体在里面几秒钟的自由下落可以模拟在外太空的状态。德国的不来梅有一座146米高的自由落体塔，就是专门为上面所说的实验而建造的。[174]理论上，我们可以把双缝实验的整套装置放进一个完全密封的真空室内，然后将真空室从自由落体塔上丢下去，在下落的过程中（大约需要4秒钟），真空室内的分子以及整个实验都不会受到地球引力的影响，因此装置的中线从头到尾都可以保持正直。

虽然要用这种实验来验证坍缩理论依然是个遥不可及的梦想，但阿恩特并没有排除我们能在小于彭罗斯或GRW理论预测的质量尺度上看到量子体系的演化方式发生改变的可能性。"我心中的那个实验学家说，'谁知道呢？'这些理论模型都是聪明人编出来的，谁也不知道它们究竟是不是真实的。没准儿这些人大大高估了临界点，谁知道呢？我们只要做实验就行了，看看到底会发生什么。"

如果什么也没发生，换句话说，如果我们始终能在实验分子中观察到叠加态和相干性，这就表明至少在实验验证的质量范围内，根本不存在量子世界和经典世界的分界线。另一方面，倘若情况正好相反，"如果（相干性）没能维持下去，这无疑将是一个重大发现，"阿恩特说，"不管结果是哪种，我们都是赢家。"

或许我们永远不可能靠经典的双缝实验找到分子发生坍缩的临界尺寸，尤其是在彭罗斯的理论所预测的范围里。不过，要是我们让实验装置的某个部分也进入叠加态，那会怎么样呢？在马赫-曾德尔干涉仪内，除了沿两条臂前进的光子处在叠加态，我们还可以把其中一面反射镜做得非常小，小到它能够维持同时处于两个不同位置的叠加状态。这相当于是把双缝中的一条缝同时摆在两个不同的位置（到目前为止，我们始终默认双缝是实验装置内一个宏观、经典且不可移动的部分）。这会对穿过干涉仪的光子造成非常奇怪的影响：它不仅面对着两条狭缝，而且其中一条狭缝似乎同时位于两个不同的位置。后来人们发现，这种干涉仪非常适合用来验证彭罗斯的坍缩理论。

荷兰实验学家德克·鲍梅斯特已经在这种实验上花费了10多年的时间，而当初正是彭罗斯本人建议他做这个实验的。鲍梅斯特在荷兰攻读博士学位时对麦克斯韦电磁方程的某个解产生了兴趣：根据这个解，光的传播路线会绕成"结"。他意识到自己研究的东西与彭罗斯的扭量理论（这是彭罗斯为理论物理学做出的代表性贡献之一）密切相关。扭量理论认为，自然界最基本的事物并不是粒子，而是光线，或者说扭量。彭罗斯曾到荷兰出席一个演讲活动，当时还是个学生的鲍梅斯特在演讲结束后主动找上了彭罗斯，要与他讨论扭量。可彭罗斯已经准备离开了，所以他建议鲍梅斯特与他一同前往机场，以便两人在路上边走边聊。最后的结果是，"那天的天气非常糟糕，航班延误了，所以我们后来稍稍多聊了一会儿。那是我们第一次见面。"鲍梅斯特告诉我。

二人的那次谈话让鲍梅斯特后来选择申请牛津大学的博士后。在牛津学习了一年的扭量理论后，鲍梅斯特搬到了奥地利的因斯布鲁克，与蔡林格一起研究量子隐形传态和量子纠缠。有了这些研究的经历，鲍梅斯特回到牛津大学并组建了自己的量子光学实验室。就在他重新回到牛津之后的某一天，彭罗斯走进了他的实验室，对他说："有一个实验我们必须得试试。"

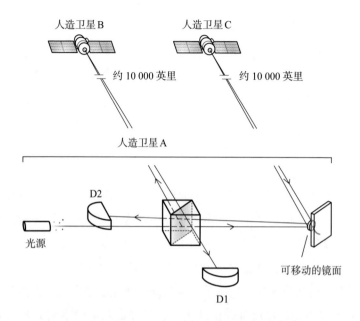

这个实验可谓奇怪至极。彭罗斯计划动用三颗人造卫星，以便在太空中进行干涉测量实验。[175] 实验的过程大致如下。在人造卫星A上，我们首先让一个X射线光子穿过一台分束器。这个光子最终将处于反射和透射这两种状态的叠加态。发生反射的光子会前往另一颗人造卫星，编号B，二者大约相距10 000英里。发生透射的光子则会朝卫星A上一块微小的镜面飞去。这块镜面被固定在旋臂上，在受到撞击后会发生移动。X射线光子的能量很高，而这块镜面又很小，因此光子在撞上镜面后拐了一个直角弯飞走的过程中，也会让镜面发生微小的位移。此时，发生反射的光子将飞向另一颗编号为C的人造卫星，C到A的距离与B到A的距离几乎相同（值得注意的是，就技术上而言，B和C完全可以是同一颗人造卫星，这能降低实验的成本）。

量子力学认为光子处于同时沿两条路线飞行的叠加状态。而在这个实验里，处于叠加态的可不止光子，还有那块微小的镜面：它既在原来的位置，又不在原来的位置，这两个位置的距离相差不足 10^{-13} 米：大于原子核的直径，但小于原子本身（位移的实际长度取决于镜面和旋臂的种类）。

光子到达远处的两颗人造卫星后，又会被固定的镜面反射回来，重新回到第一颗卫星。从人造卫星 B 返回的光子可以直接回到分束器，而从人造卫星 C 返回的光子却不行，在回到分束器之前，它必须先经过之前被它撞歪的镜面。我们可以通过调整卫星之间的距离以及旋臂的松紧，确保反射的光子在返回时能正好把发生位移的镜面撞回到原先的位置上。镜面将光子的动量物归原主，让光子拐一个直角弯并继续飞向分束器，而自己则恢复原样。

两条光路的长度经过精心设计，以保证经卫星 B 和卫星 C 反射的光子能在同一时刻到达分束器。因此，如果这时光子仍维持着同时沿两条光路飞行的叠加状态，那它就会在分束器里发生相长干涉，并在离开分束器后飞向探测器 D1。最为关键的是，这样的光子永远不会在离开分束器后飞向探测器 D2，因为那个方向代表的是相消干涉。

如果你觉得这个实验装置像极了马赫–曾德尔干涉仪，那你的感觉并没有错。这是另一种让光子的两条路线发生干涉的方式：我们把这套实验装置称为迈克耳孙干涉仪（但那个可以移动的镜面是彭罗斯做的一个小小的改动）。

可我们为什么要如此大动干戈？为什么非要用到太空中的人造卫星？一个原因是，真空的环境保证了光子或镜面几乎不可能撞到其他的粒子，防止与环境粒子的相互作用导致退相干，失去叠加态。另外，人造卫星之间遥远的距离可以确保实验的时间足够长。粒子维持相干性的时间就是所谓的"相干时间"，相干时间足够长对于我们检验彭罗斯的理论而言是必要的。

按照彭罗斯的观点，光子最后是否能够触发探测器D2完全取决于这块小小的、可以移动的镜面有多大。如果光子处于同时飞向卫星B和卫星C的叠加状态，那么这块镜面也会相应处于同时发生位移和没有发生位移的叠加状态。彭罗斯的引力坍缩理论认为，镜面的质量越大，它的状态就坍缩得越快。

我们假设从实验开始到光子返回分束器再到触发两个探测器之一，光子的状态始终没有发生坍缩。在这种情况下，返回的光子处于同时沿两条路线飞行的叠加状态，它最终将触发探测器D1。

但是，如果镜面的量子状态在光子到达探测器之前就发生了坍缩，那么光子也会发生坍缩，它只能沿两条路线中的一条飞行。这是因为镜面的波函数与光子的波函数是相互纠缠的，二者是同生共死的关系。要是这种坍缩发生在光子飞行的途中，那它就只能沿两条路线中的一条到达分束器，而不是同时沿两条。这时的光子就像一个粒子，也不会发生干涉，所以它触发探测器D1和探测器D2的概率各为50%。

如果我们用一块质量固定的镜面做100万次实验，并且发现所有的光子都到达了探测器D1，那我们就可以说这块镜面没有发生过坍缩。但如果有一半的光子到达了D2，那就表示镜面在每次实验里都发生了坍缩。这个实验正好可以用来检验彭罗斯认为引力导致宏观物体坍缩的理论——如果他是对的，我们可以尝试找出造成坍缩的临界质量。

在彭罗斯走进鲍梅斯特实验室的时候，他真的非常渴望把这个设想化为现实。他认识NASA（美国国家航空航天局）的人[176]，他觉得他们能在太空里完成这个实验。鲍梅斯特不得不把他们的讨论拉回地球。"我最初的反应是，这是个非常有趣的问题，值得研究，可我的专长是光学，"鲍梅斯特对我说，"我们可以看看能不能重新设计一个可以放在光学实验台上做的实验。"

在才华横溢的博士后克里斯托弗·西蒙（Christoph Simon）和聪明的博士生威廉·马歇尔（William Marshall）的帮助下，两人想出了一个可行的方案。2017年的鲍梅斯特坐在位于加州大学圣巴巴拉分校的办公室里，向我展示了一张他们四个人站在一张光学实验台前的合影，照片拍摄于2001年。"那个是我。"鲍梅斯特指着照片上年轻时的自己说道。然后他指向彭罗斯，说："罗杰没什么变化，我变了好多。"确实，我在他们拍了这张合影的大约15年后见过彭罗斯，他的样子几乎一点儿没变。

如果要在地球的光学实验台上完成他们想做的那个验证性实验，就必须解决一个关键的问题，这就是彭罗斯选择去太空进行实验的原因：如何让光子的叠加态维持足够长的时间，以便我们能够观察活动镜面的叠加态是否会发生坍缩。要在地球上做这个实验，研究人员需要在光子返回干涉仪并继续飞向分束器之前，设法将其保存一小段时间。可选的办法之一是利用光学腔，光学腔的本质是两块经过精心校准的超高质量凹面镜。一旦进入这种光学腔，光子就会在两块凹面镜之间来回反弹，直到某个随机的时刻再窜出。用这种方法，就可以把光子"雪藏"一段时间。

也就是说，我们可以用两个光学腔分别替代人造卫星B和人造卫星C，每个光学腔都能将光子保存一段时间，模拟它们飞到10 000英里外再飞回来的过程。至于那块活动的镜面，等效替代这部分光路的光学腔比较独特。在这个特殊的光学腔里，有一块很小的凹面镜，被固定了在一条可以活动的旋臂上。鲍梅斯特还决定用可见光以及红外光光子代替彭罗斯最初设想的X射线光子，因为使用这两种光子更容易制作符合实验要求的高质量镜面。光子在光学腔的两块镜面之间来回反弹，由此产生一种名为"辐射压"的作用力，它的强度足以让活动镜面发生位移。辐射压本身就是一种相当令人费解的现象：按照量子力学的说法，光子并不会局限在空间里的某一点，而是每时每刻都出现在光学腔的各个位置，而随着时间的推移，不受位置约束的光子产生了足以推动镜面的压强。

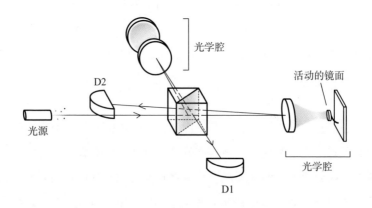

那么现在，正如光子在干涉仪内处于同时沿两条路线前进的叠加态，这块活动的镜面也处于发生和没有发生位移的叠加态。

光子在某个随机的时刻从光学腔内逃逸而出，然后回到分束器。接下来会发生什么则完全取决于光子——其实应该说是整个系统（包括那块活动的镜面）——是能够继续维持自身的相干性和叠加态，还是坍缩成某种确定的状态。

如果整个系统的叠加态能够维持，那么光子的两种状态就会发生干涉。由于两条光路中的一条长度是固定的，所以在光子逃出光学腔的那一刻，活动镜面所处的位置将决定最终的干涉图样是什么样子：因为它决定了经过镜面的那条光路究竟有多长。通过大量实验得到的干涉图样（在这里是探测器D1和探测器D2被触发的次数），其特征与活动镜面的振荡情况息息相关。

但是如果镜面的叠加态发生了坍缩，那么光子就会表现出粒子性，它将以相同的概率触发探测器D1和探测器D2。与彭罗斯设想的太空实验一样，我们只需要统计D1和D2的触发次数，就能知道小镜面是否处于叠加的状态。

为了完成上面所说的实验，首要任务是设法让宏观物体进入叠加态，并在实验过程中将这种状态维持足够长的时间。2002年，鲍梅斯特和彭罗斯在团队撰写的论文中宣称，我们可以用各种尖端技术针对性地解决每一个小问题，将其各个击破，如此一来，小镜面或许就能够获得同时处于两个位置的叠加状态。[177]"我觉得这个想法依然是正确的，但要把最尖端的低温物理学技术与最尖端的光学技术，还有最尖端的机械制造技术等结合起来，是件极其困难的事，"鲍梅斯特说，"从那时到现在，我们的研究工作基本上都是在朝这个方向努力。"

他们后来发现，实验涉及的每一个"小问题"其实都不简单，甚至可以说极具挑战。他们要做的第一件事是研究如何制造比沙粒小好几个数量级的镜面。为此，他们需要先用聚焦离子束切割出镜面，然后再把它粘到悬臂的尖上，以便它能够移动。可这种镜面实在是太小了，制造的过程非常难把控，所以经常出现镜面翻转、粘贴时上下颠倒的情况。即使切割和安装的过程都没有出问题，通过这种方法制造的镜面也还是太大了。研究团队后来成功做出了体积更小的镜面，并以氮化硅的碎片作为悬臂。除了尽可能缩小镜面的体积，他们还必须把镜面冷却到不可思议的温度，否则镜面分子的热振动会导致我们几乎觉察不到单个光子撞击所产生的效应。出于这个原因，我们必须通过冷却，让镜面进入量子基态，这意味着要把温度降到 1 毫开尔文①以下。"这种温度就算对低温物理实验来说也低得荒谬。"鲍梅斯特说。而且冷却物体需要用到稀释制冷机，要有泵机驱动氦的循环，这些东西都会成为额外的振动源，很有可能使整个实验的努力白费。因此他们又必须设计一套复合系统，用来抑制或屏蔽分子的振动。当然，所有这些过程还都必须在真空室里进行。"最终，整套实验装置可能要花费几百万美元。"鲍梅斯特说。而这么多钱仅仅是为了造一面冰冷且安静的小镜子，使它能够被单个光子推动，然后进入同时处于两个不同位置的叠加状态。说是两个不同的位置，其实它们的间距也仅仅相当于数百个原子的直径。

"你首先得证明你可以让宏观物体进入叠加态，然后才能研究它们如何退相干，"鲍梅斯特说，"到头来，我们离这个目标依然很远。（但）我们取得的进步也非常可观。"

退相干特指量子力学系统因为与环境发生相互作用而失去原本的叠加状态，变成某种确定的经典状态的过程。无论是彭罗斯的理论，还是以 GRW 为代表的坍缩理论，其实都不是关于退相干的理论：它们明确主张坍缩是原因，而退相干则是结果。

鲍梅斯特在我们的谈话中坦言，虽然当初是在彭罗斯的启发下才开始做这个困难的实验的，但他认为，只要实验对象与环境保持隔绝、避免发生退相干，那么无论它的质量变得多大，我们都不太可能看到量子叠加态出现坍缩。鲍梅斯特说，如果真是这样，那他就只能被迫接受量子世界和经典世界之间根本没有界线的观点了，也就是说，波函数只有演化，没有坍缩。波函数的不同部分在不停地演化，它们在与环境发生相互作用时，整体的表现犹如发生了退相干，想让这些部分恢复相干性极为困难，甚至可以说根本不可能。

---

① 1 毫开尔文 = −273.149 摄氏度。——编者注

"它们变成了相互独立的关系，再也不会发生干涉了，"鲍梅斯特说，"但这种说法又相当奇怪，因为我们其实又回到了薛定谔的猫的问题。"

没错，又是那只可怜的猫咪，只不过这一次有个微妙的差别：它彰显的不再是量子力学有多荒谬和奇怪，而是对量子力学含义的坚定不移的探索。鲍梅斯特提出这样的想法其实另有所指：有一种观点认为，死去的猫咪和活着的猫咪都是存在的，而看到死猫和看到活猫的人也一样。这是两种不同的想法，它们很可能存在于两个无法再相互关联和影响的世界之中。"这种看待事物的方式并不荒谬，"他说，"只要花点儿时间稍稍涉猎一下量子力学，你就会明白它其实有多精妙和简洁。"

有的物理学家特别在乎量子力学的简洁性和精妙性，譬如波函数的演化严格遵循薛定谔方程，以及由此衍生的叠加态的概念，他们拒绝在现有的表述形式上添加任何东西，甚至连表明测量导致坍缩的成分都不想要，因为引入这些概念势必需要修改薛定谔的演化方程。于是他们得出了一个惊人的结论：构成量子系统叠加态的每一种状态都会在无法发生干涉后，继续独立地存在下去。这种观点将我们引向了"多世界"的概念，每一种可能性都实际存在于某个世界中。对鲍梅斯特来说，如果他永远无法在自己的实验里观察到宏观物体的坍缩（无论它们的质量大到何种地步），那么这就是多重世界存在的标志。"如果真是这样，我就必须严肃看待多世界诠释了。"他说。

鲍梅斯特在中国的一辆公交车上遇见同去开会的列夫·韦德曼（正是提出伊利泽–韦德曼炸弹难题的那个韦德曼），他此时才第一次意识到有些物理学家是真心认同多世界诠释的。韦德曼曾在自己的论文里写过这样一段广为流传的文字："（波函数的）坍缩……真是量子力学的一道伤疤，丑陋极了，而我，将和许多人一起……设法否定它的存在。这样做的代价是接受多世界诠释，也就是说，承认有数不清的平行世界存在。"[178]

"我见到他的时候，他相当沮丧。"鲍梅斯特在加拿大滑铁卢大学的量子计算研究中心的讲座中说道。[179] 韦德曼当时似乎在努力申请一款手表的专利，这种手表能帮他解决日常生活中难以抉择的"是或否"问题。它内置了一个单光子光源和两个单光子探测器，射出的光子将通过一个分束器，然后触发其中一个探测器。如果光子触发的是代表"是"的探测器，你就采取行动；如果触发的是另一个代表"否"的探测器，你就不采取行动。韦德曼想表达的意思是，我们无论做了什么样的决定，都可以泰然处之，因为我们知道在波函数的另一条分支上，自己做了完全相反的决定。

如果说有谁不会对韦德曼的这种手表感到惊奇，那休·埃弗里特三世（Hugh Everett III）很可能是其中之一。埃弗里特是数学家兼量子理论学家，他在 1957 年的博士论文中首次严肃地提出了没有坍缩的波函数演化，借此解决哥本哈根诠释中的测量问题。在所有试图解决双缝实验悖论的理论中，埃弗里特的博士毕业论文或许是最令人感到不安却最有意思的一种，这种解决方法就是多世界诠释。

第 8 章

修复丑陋的伤疤

名为多重世界的药方

> 无数的可能性汇成广阔的海洋，其中一些最后成为我们选择的事实，漂浮在这片汪洋之上；非决定论认为，这样的可能性总是存在于某个地方，它们也是真相的一部分。[180]
>
> ——威廉·詹姆斯（William James）

如果说世界上有哪个地方可以被称为量子力学反对者——指认为哥本哈根诠释有问题，乃至讨厌它的人——的大本营，那位于新泽西州的普林斯顿大学肯定算一个。比如从一开始就不喜欢量子力学的爱因斯坦，他于 1933 年入职普林斯顿高等研究院，此后便一直在那里做研究，他始终认为量子力学是不完备的。还有戴维·博姆，他在 1946 年来到普林斯顿大学，并开始构思与主流观点相悖的理论。1951 年，博姆被驱逐到巴西，他在那里发表了自己的隐变量理论。就在博姆离开普林斯顿不久后的 1953 年，一个精通数学的年轻人来到普林斯顿大学，他名叫休·埃弗里特三世，刚刚获得化学工程的学士学位。1955 年，埃弗里特开始攻读量子物理学的博士学位，他的导师是约翰·惠勒。虽然惠勒本人坚定地支持尼尔斯·玻尔以及哥本哈根诠释，但他的这个弟子却在日后成了量子力学领域最富想象力的离经叛道者之一。

惠勒极其重视物理学的数学方程，他认为应该从方程的解里寻找问题的答案。在爱因斯坦提出广义相对论之后，广义相对论的解很快就把物理学家们的注意力吸引到了难以用常识理解的时空拓扑结构上。惠勒在 20 世纪 60 年代提出的"黑洞"和"虫洞"就是专门用于描述这种结构的术语。但在此之前，惠勒对宇宙的认识很可能就已经影响了埃弗里特，而后者会把这种态度带入量子物理学的数学表述中。[181]

埃弗里特的理论以波函数和波函数的演化为基础和前提，追求数学表述形式的简洁与优美，其本质是一切以波函数为准：用一个整体波函数描述整个宇宙，在这个波函数里，宇宙处于所有经典状态相互叠加的状态，这个波函数以及叠加态的演化不仅是连续的、符合决定论的，而且永远不会停止。

埃弗里特提出该想法是为了规避测量问题。1955 年，他认为自己在主流量子理论的表述形式中发现了关键问题。埃弗里特指出，假设一个量子体系每时每刻的状态都是由波函数 ψ 给定的，那么波函数的演化可以分成两个过程。首先，波函数随时间的演化遵循薛定谔方程，这是一种完全符合决定论的过程。但在受到测量时，波函数会突然变成一种确定的状态，变化的概率可以计算，这个过程也就是所谓的"概率性突变"。埃弗里特觉得后面那个过程的说法站不住脚。

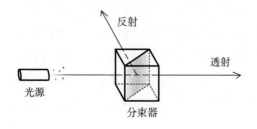

他想知道这两种过程能否相互兼容。更确切地说，他的问题其实是："测量的过程中究竟发生了什么？"[182]

假设有一个光子穿过一台分束器。标准量子力学认为，这个光子处于同时沿两条路线前进的叠加态。此时，光子的波函数是两个波函数的线性叠加，其中一个代表光子发生了反射，另一个代表它发生了透射。（我们在前文介绍过，假设 $\psi = a\psi_反 + b\psi_透$，其中系数 a 和 b 都是复数，那么 a 的模平方，也就是 $|a|^2$，就是光子沿反射光路前进的概率，而 $|b|^2$ 则是光子沿透射光路前进的概率。如果这里使用的分束器分别可以反射和透射一半的光，那么这两个概率的值就都是 0.5。）

接下来，如果在两条光路的终点各放置一个探测器（D1 和 D2），那么每当有光子经过分束器，我们最后总会看到 D1 或 D2 被触发。哥本哈根诠释认为，出于某种神秘的原因，我们只能把探测器当成经典的物体，而用这种经典设备测量光子会引起波函数坍缩，导致光子最后被局限在 D1 或者 D2 里。前面说过，尤金·维格纳曾在 20 世纪 60 年代提出，这种区分量子世界和经典世界的方法实在有些太过武断了，而他认为，引起波函数坍缩的其实是观察者的意识。

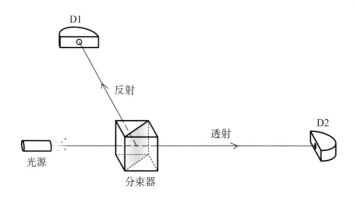

埃弗里特的思路与维格纳不同。如果我们严格遵循数学表达式，同时把探测器也当成量子系统的一部分，那么整套实验装置最终也会变成两种状态的叠加，它们分别是探测器D1被触发和探测器D2被触发。但为什么只考虑探测器呢？何不干脆把观察者也当成量子体系的一部分？倘若真的这样做，我们就可以说观察者最后也会进入叠加态，两种状态分别是听见探测器D1被触发和听见探测器D2被触发。按照埃弗里特的意思，如果只考虑这个波函数中的一部分，比如探测器D1被触发，那我们就只能得到一个听见探测器D1发出咔嗒声的"确定的观察者"。而关注波函数的另一个部分则会得到另一个听见探测器D2发出咔嗒声的确定的观察者。"换句话说，是观察者本身分裂成了数个不同的观察者，且每一个都看到了某一种明确的测量结果。"[183] 他如此写道。

埃弗里特想说的是，根本没什么波函数的坍缩，因此也没有所谓的测量问题。所有的可能性都是真实存在的（我们很快就会解释"存在"指的是什么，这将是我们第二次探讨这个问题）。以一个分束器和两个探测器这种简单的情况为例，我们最后得到的是两个观察者，他们分别听到了其中一个探测器被触发的咔嗒声。

现在，让我们以其中一个观察者为例，比如观察到探测器D1被触发的那个人。他又向同一个分束器发射了第二个光子。与之前一样，这个观察者会再次一分为二，其中一个听见D1被触发，另一个听见D2被触发。没有坍缩，也没有概率性突变，只有波函数在继续演化。相同的过程可以不断重复，永无止境，我们可以把所有的观察者排成一张树状图。树状图上的每一条分支都代表以特定顺序听见探测器发声的观察者，比如有的观察者看到的结果可能是这样的：D1，D1，D2，D1，D2，D1，D1，D2……或者这样的：D1，D1，D1，D2，D1，D2，D1，D1……抑或其他D1和D2的随机组合。

因此，虽然这一连串的探测结果并不涉及概率性突变——换句话说，在连续探测的过程中并没有出现波函数随机坍缩成某一种明确状态的情况——但对每一个观察者来说，D1 或 D2 的触发看起来就是随机的，因此才会产生波函数坍缩成了某一种状态的感受。埃弗里特认为就"生命之树"上几乎所有的"分支"而言，观察者听到 D1 或 D2 发声的频率应当与体系的初始叠加态给定的概率相符[184]。当然，要知道这个初始概率是多少，我们还是得通过大量的实验来估算（后续的研究表明，事情并没有这么简单）。

埃弗里特提出的是一种具有连续性（它否定了真正的突变，认为只是看起来像突变）的因果论，一切都遵循薛定谔方程有条不紊地演化。只是对任何特定观察者来说，这个理论是不连续的，因为他会看到量子状态的突变，而且这种跳跃似乎是随机的，没有规律可循。埃弗里特曾写道，这个理论"具有一定的完备性，因为它适用于所有体系，无论是大是小……而代价则是摒弃观察者的独特性。另外，它的哲学深意多少让人感到不安"。[185]

他甚至还为此做了一个形象的比喻："你可以想象有一种智慧的变形虫，它的记忆力很好。随着时间的推移，这种变形虫不停地分裂，每次得到的子代变形虫都能继承亲代变形虫的全部记忆。所以这种变形虫的生命不是线性的，而是树状的。我们说不清后来诞生的两个变形虫是否具有同一性。我们在任何时候都可以把它们当成两个不同的个体，两个变形虫在某个时刻（刚刚从相同的亲本变形虫分裂而来时）之前拥有完全相同的记忆，而从那一刻起，它们便分道扬镳，各自踏上了不同的命运之路……如果你能接受整体波函数的理论，道理也是一样。个体发生分裂时，自己毫不知情。由于分裂出的个体在分裂完成之后就不会再有任何交集，所以他们永远不知道'其他自我'的存在。"[186]

埃弗里特的研究令惠勒印象深刻，但惠勒对"让人感到不安的哲学深意"持非常谨慎的保留态度。埃弗里特诠释与哥本哈根诠释形成了竞争关系，崇敬尼尔斯·玻尔的惠勒自然想跟哥本哈根学派的同僚们谈谈埃弗里特的研究，可他对观察者和变形虫会分裂之类的说法心存顾虑。惠勒告诉埃弗里特："虽然我觉得这个理论非常有价值，也非常重要，但老实说，我羞于将目前这种表述形式转达给玻尔，因为它太容易让理解能力不过关的读者往神秘学的方向想了。"[187]

埃弗里特在毕业论文中刻意回避了这种"神秘学"的口气，尤其是删掉了变形虫分裂的比方，他于 1956 年向惠勒提交了自己的学位论文。在用严谨的数学推导详细阐释自己观点的同时，埃弗里特仍不忘把矛头指向玻尔和哥本哈根诠释，称其过于保守和谨慎（太讽刺了，因为哥本哈根诠释最极端的表述形式可是：没有观察者就没有现实）。"我们不相信理论物理学的根本意图仅仅是为了建构'安全'的理论而罔顾概念的适用性，这种权威没有意义，它的目标应当是提出有用的理论模型，并在旧的模型过时后，用新的模型取而代之。"[188]埃弗里特写道。他批评哥本哈根诠释建立在一种"令人无法接受"的二元论[189]上，它将现实分割成了经典世界和量子世界，并称经典世界与量子世界水火不容。

不出所料，埃弗里特的毕业论文在哥本哈根学派内的反响相当不佳。一位名叫亚历山大·斯特恩（Alexander Stern）的美国物理学家正好在哥本哈根，他在 1956 年 5 月组织了一场研讨会，与尼尔斯·玻尔以及其他人一起探讨埃弗里特的观点。[190]一周后，斯特恩给惠勒写了一封信，详细传达哥本哈根学派众人提出的批评，尤其是对于埃弗里特构想的整体波函数。斯特恩说埃弗里特的观点"缺少有意义的内容"[191]，而且有的部分其实是"神学问题"[192]。

惠勒立刻回了信，字里行间甚至透露着某种歉意。"如果不是觉得'整体波函数'能为呈现量子理论提供一种具有启发性且令人满意的新途径，我也不会劳烦我的朋友们分析埃弗里特的想法，我自己也不会把那么多时间花在和他讨论上。"[193] 紧接着，惠勒在表扬埃弗里特的同时，也曲解了他的立场："……虽然这篇论文仍有一些地方表达了怀疑的态度，但那是由他在修改稿件的时候遗漏所致，这个优秀、能干且有独立思想的年轻人已经慢慢开始接受，（哥本哈根学派）目前对测量问题的处理方法是正确而自洽的。"[194]

但埃弗里特并没有接受哥本哈根诠释。他的确修改了自己的论文，砍掉了几乎 3/4 的篇幅（惠勒要求他把证明的过程改得"像标枪一样"[195]）；他不仅删掉了针对哥本哈根诠释的尖锐批评（比如对测量问题的斥责），还重新组织了自己对量子力学的看法，目的是调和广义相对论与量子力学的矛盾，为量子引力理论留下探讨的空间。不过，无论在较长还是较短的版本里，作为理论基础的数学表述形式本质上都一样。埃弗里特对哥本哈根诠释的看法在论文修改的前后未曾发生过改变，这一点可以从他与理论物理学家布赖斯·德威特（Bryce DeWitt）往来的书信中看得清清楚楚。

德威特是《现代物理学评论》（*Reviews of Modern Physics*）的编辑，正是他负责和经手了埃弗里特的缩减版论文。他后来在谈到埃弗里特的文章时说："我惊呆了，我大受震撼。"[196] 德威特给惠勒写了信，提出了一些顾虑，包括观察者发生分裂这件事："我可以通过自省的方式证明——我想你也可以做到——我没有分裂。"[197] 惠勒把这封信转交给了埃弗里特。

埃弗里特在回信里说哥本哈根诠释"不完备得无可救药"[198]，称它"是一种畸形的哲学，它会用'实在'这个概念形容宏观世界，却不肯把同样的概念用在微观世界里"[199]。

埃弗里特还明确解释了整体波函数的叠加究竟是怎样一种过

程："根据这种理论，叠加态里的每一个元素（所有的'分支'）都是'真实的'，没有哪一个元素比其他元素更'真'。我们完全没有必要假设观察这个动作为叠加态里的某个元素赋予了一种名为'实在'的神秘特质，同时让所有其他元素变得无足轻重。我们可以更仁厚一些，允许它们共存——反正也不会引起什么问题，因为叠加态里每个单独的元素（'分支'）都遵循各自的波动方程，互不干扰，无论其他元素是否存在（具备或不具备'实在性'），它们都完全不受影响。"[200] 换句话说，埃弗里特对德威特的问题回答如下：在发生分裂后，某个特定版本的"你"并不会与任何其他版本的"你"产生交集，所以你永远不会觉得自己发生了分裂。

但是，后面还跟着一个看似更荒谬的想法：每一次分支都会通过某种方式，导致宇宙本身发生分裂，进而形成许多个平行世界。1962 年 10 月，在俄亥俄州辛辛那提举办的一场会议[201]上，埃弗里特抛出了这个观点。参会者不乏知名人物，比如内森·罗森、鲍里斯·波多尔斯基、保罗·狄拉克、阿布纳·希莫尼（Abner Shimony），还有尤金·维格纳。埃弗里特当然也在场。参会者纷纷开始围绕平行宇宙提出咄咄逼人的问题。讨论进行的中途，希莫尼说，认为宏观叠加态的所有元素都会持续存在——哪怕对某个特定的观察者来说也是如此——这种观点可能会导致非常奇怪的结论。"如果真是这样，那我认为围绕人的意识，有两种可能性。第一种可能是，普通的人类意识只与这些分支中的一个有关联，那么问题就变成了，你的表述形式如何允许这种解释成立？另一种可能性是，意识与每一个分支都有关联。"[202]

波多尔斯基则说："总之你的意思就是，我们正在讨论科幻作品十分喜爱的平行时间和平行世界。每当观察者做出一个选择，他们就会沿着某条特定的时间线继续前进，但其他的可能性依旧存在，而且都具有物理实在性。"[203] 对此，埃弗里特回应道："是的，这符合叠加的原理，构成叠加态的元素都是相互独立的，它们遵循相同的法则，其他元素是否存在并不会对它们本身造成影响。因此，我们何必非要选出一个元素，把它定义为实在，然后再千方百计地让其他元素莫名其妙地消失呢？"[204]

经过几轮观点的交锋后，希莫尼对埃弗里特说："你排除了我原先设想的两种可能性之一。你的确是把人的意识同每一条分支都关联了起来。"[205] 埃弗里特对此表示认同："每一条分支看上去都是一个完整的世界，其中发生的事也都是实实在在的。"这可以说是埃弗里特唯一一次明确认可多世界的说法。[206]

德威特最终选择相信多世界理论。20 世纪 70 年代，在《今日物理》（*Physics Today*）刊载的一篇文章里，德威特解释了这种用一个波函数代表整个宇宙的多世界诠释。"宇宙在不停地产生数不清的分支，这都是因为构成宇宙的无数元素之间在不断发生类似测量的相互作用。不仅如此，发生在每一颗恒星、每一个星系，乃至宇宙中每一个遥远角落的每一次量子跃迁，都会导致我们身处的地球分裂出无数的拷贝。"[207]

德威特在回忆自己茅塞顿开时说："我还清楚地记得第一次读到多世界这个概念时那种震惊的感受。它说每个人都有不止 10^{100} 个略有不同的拷贝，而且它们都在不停地分裂并产生更多的拷贝，最终多到无法计数。这可不是靠简单的常识就能理解的，简直像是病入膏肓的精神分裂。"[208]

德威特不只是大受震撼且心怀敬畏，他还成了埃弗里特的坚定追随者，并为埃弗里特诠释的传播做出了大量贡献。埃弗里特的理论后来有了很多不同的名字，但我们接下来只管它叫埃弗里特的多世界诠释，或者简称多世界诠释。

来到加州理工学院唐斯–劳里森物理实验大楼的四楼，电梯门打开后迎面看到的是墙上的一幅巨型费曼图——这是费曼喜欢在餐巾纸上画的一种歪歪扭扭的图，用来直观表示粒子之间的相互作用。我去那里的目的是拜访理论物理学家肖恩·卡罗尔（Sean Carroll），他是多世界诠释的支持者。我们一起讨论量子力学，就在聊到一半的时候，卡罗尔突然决定要分裂这个世界。

他的智能手机上有一个名为"宇宙分裂者"（Universe Splitter）[209]的应用，它其实就是韦德曼当年想申请专利的那种手表——这种工具可以在你面对"是或否"的艰难抉择时助你一臂之力。按照埃弗里特的观点，生活中根本没有错误的决定：无论这个应用让你选什么，在另一个宇宙里，它都会让你做出相反的选择。所以有什么可担心的呢？

卡罗尔启动了这个应用，屏幕上有两个默认的行动选项：铤而走险或者谨慎行事（我们也可以手动输入其他的选项，不过当时我们觉得这两个默认选项就行）。卡罗尔按下了一个按钮，这个按钮的名称不太吉利，叫"分裂宇宙"。应用随即向瑞士日内瓦附近的某个实验室发送了一条指令，让它将一个单光子射向分束器。"如果你相信埃弗里特，那么世界将分裂成两个，一个是光子向左走的世界，还有一个是光子向右走的世界。"卡罗尔说。

几秒钟后，他的手机收到了发来的结果。"啊，我们现在处于必须铤而走险的宇宙里。"而大声说出"铤而走险"这几个字的行为（我们假定他在另一个宇宙里说的是"谨慎行事"）导致宇宙不可调和地分裂成了两部分（我们之后再解释为什么）。"这下，我有了两个拷贝。"

我大概也一样吧，我心想。这到底是现实还是超现实呢？

我目睹的上述过程相当于马赫–曾德尔干涉仪实验的前半部分，

在多世界诠释里，要解释这种现实变得出奇地简单。

我们先来看下面这种情况，实验装置内只有一个分束器，没有其他设备。埃弗里特的理论认为宇宙的波函数此时包含两个部分：一个是光子发生了透射，另一个是光子发生了反射（我们姑且假定此时整个宇宙里只有这一个需要我们做出选择的量子事件）。到这里为止，哥本哈根诠释和多世界诠释是一致的。这套实验装置目前处于上述两种情况叠加的状态，之后的演化将遵循薛定谔方程。

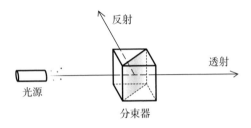

如果我们在两条光路的终点分别放一台探测器，那这两种诠释对现实的看法就会变得天差地别。

哥本哈根诠释认为，如果我们把测量的设备看作经典物体，那么当其中一个探测器被触发时，探测器发出的咔嗒声无异于波函数发生坍缩的信号。

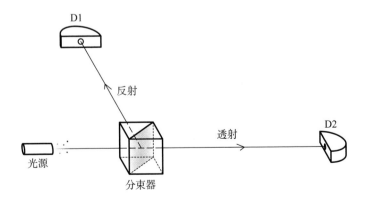

物理学家们一度认为自己想出了一种无须诉诸魔法就能解释这种坍缩现象的方式。我们假设探测器也可以被当成一种量子态的物体。如果不能完全保持孤立的状态，那么最终，探测器将不可避免地与周围的环境发生相互作用（作用的对象主要是周围其他的光子和不断撞击探测器表面的空气分子），然后与其形成纠缠。这种相互作用的过程过于复杂，想用数学全盘描述是不可能的。因此量子力学只得另辟蹊径，将探测器和光子的状态作为一个整体，用密度矩阵来描述它——简单地说，密度矩阵就是一种忽略环境因素的数学表达形式。在与环境发生相互作用之前，光子和探测器处于两种状态叠加的状态，这两种明确的状态分别是"光子发生反射并触发探测器D1"以及"光子发生透射并触发探测器D2"。而在与环境发生相互作用之后，这种量子表述形式称整个体系的状态是"光子发生了反射并触发了探测器D1"或者"光子发生了透射并触发了探测器D2"，但是我们不知道具体是哪一个。后面那种悬而未定的情况是我们不知道整个过程究竟发生了什么而导致的。

"如果忽略环境，那我们对这个量子体系和测量装置的描述最多只能是：它们处于某种可以用密度矩阵表示的混合状态。"卡罗尔说。

密度矩阵让我们得以计算D1或D2被触发的概率（在这个实验里，两者都是0.5）。这种概率源于信息的匮乏，它在这一点上和经典的概率很像。量子体系与环境发生相互作用的过程被称为退相干，而对应的密度矩阵却可以让我们计算出正确的概率，这一度导致物理学家们认为退相干就是波函数坍缩的原因（在退相干首次被提出时），测量问题迎刃而解。但他们没能高兴太久。虽说有了退相干这个概念之后，我们可以把量子体系和它的测量装置当成一个整体处理，二者仿佛是一个由各种经典状态按概率混合而成的体系，但退相干并不能真正解释为什么会这样。

在经典世界里，我们用概率表示一个系统的状态只是因为我们对它不够了解，系统本身的状态其实是明确且固定的，而且不会受到其他东西的影响。可是在量子世界里，我们用密度矩阵计算的概率却略有不同。虽说乍看之下，这也是因为我们对系统的实际状态不够了解，但密度矩阵描绘的量子状态是不明确的。我们必须考虑目标体系与外界环境的纠缠，才能完整地描述它的量子状态，而密度矩阵做不到这一点。

因此，退相干理论几乎让我们以为自己理解了坍缩的含义，可惜功败垂成。哥本哈根诠释在这个节骨眼儿上倒下了，而前来救场的正是多世界诠释。

根据多世界诠释，探测器D1和探测器D2都被触发了，每个探测器的触发分别位于波函数的一条分支中。探测器的触发让探测器与周围的环境发生相互作用，进而让它与环境形成纠缠并退相干。一旦发生退相干，两个世界便开始独立地演化，演化的方式依然遵循薛定谔方程，但波函数的这两个分支再也不可能重新合并。"两条退相干的分支对应的环境是正交关系，这意味着它们永远不可能再发生干涉。"卡罗尔说。因此，站在任何一条波函数分支的角度，"所有其他的分支从始至终都在那里，只是找到它们的难度高得难以言喻"。

但假设我们没有在离开分束器的两条光路上放置探测器D1和探测器D2，因此退相干没有发生，那么从理论上来说，我们可以通过放置第二个分束器合并两条光路，用这种方式将两个世界重新合到一起。这正是马赫–曾德尔干涉仪的工作原理。为了计算光子在经过第二个分束器后触发D1或D2的概率，我们必须设想光子是沿着两条路线前进的，而每条路线都代表了一个世界。

这让人想到了费曼为解决双缝实验（乃至量子力学）的谜团而提出的方法，他把自己的这种方法称为量子力学的路径积分表述。在费曼的设想中，我们仍然可以用经典的方式看待一个飞向双缝的粒子，也就是说，这个粒子只能从其中一条狭缝穿过。但是为了计算粒子有多大的概率落到光屏的某一点上，我们必须充分考虑从双缝到光屏的每一条可能的路径，包括那些无法用常识理解的弯曲轨迹。我们要给每一条路径分配相应的权重，这代表它们对最后的概率有多大的贡献。

"对于应该如何看待宇宙，量子力学告诉我们的最基本的一点是，如果要计算一件事发生的概率，就必须考虑这件事发生的所有方式，并将这些方式对应的概率幅相加，"埃弗莱姆·斯坦伯格告诉我。而当你这样做的时候，你就会发现干涉。"费曼的洞见在于他意识到了真正发生干涉的其实是宇宙的两种状态。这两种状态的区别可以小到只有一个粒子的位置有差异：电子是走了上方那条路，还是走了下方那条路。"

费曼的路径积分表述只是一种数学工具，它是为了计算某种实验结果出现的概率，而在多世界诠释中，宇宙的不同状态更多是字面上的意思。卡罗尔认为，这正是多世界诠释展现的现实如此吸引人的原因，它使理解双缝实验变得轻而易举，当然前提是你不会被下面这种想法困扰：在每一条量子道路的分岔口，波函数都会生成新的分支以及与其对应的新世界。"接受这种观点需要付出沉重的心理代价，问题在于，它会对你造成多大的困扰？"卡罗尔说，"我是一点儿也不在意。"

哥本哈根诠释才让他倍感困扰。比如玻尔在描述双缝实验时所用的语言：如果我们不收集路径信息，光子就表现出波动性；如果我们收集，它就表现出粒子性。"全是些不知所云的话。"卡罗尔说。

作为埃弗里特的支持者，卡罗尔只会从波函数的角度看待这件事：波函数在分束器里分裂成了两个部分，每个部分又继续按薛定谔方程演化。如果没有退相干，那么我们就可以让波函数的这两个部分发生干涉。"在穿过狭缝时，只要光子没有与其他东西形成纠缠，我们就能看到干涉图样，因为干涉正是薛定谔方程的解。"卡罗尔说。

根本不需要故弄玄虚，说什么光子表现出波动性还是粒子性，只要有波函数的演化就够了——波函数代表的就是现实的量子状态。"很多喜欢抽象思维的物理学家……为埃弗里特的理论美丽且优雅的数学形式所倾倒，"卡罗尔说，"物理学家对数学的美丽和优雅没有抵抗力。"

多世界诠释在数学上的简洁明了是显而易见的，因为它只考虑波函数和波函数的演化，没有额外的因素（比如隐变量），没有笨拙的非线性运算（类似彭罗斯或GRW的随机坍缩），也不像哥本哈根诠释那样，只能靠魔法来解释坍缩。

哲学家戴维·华莱士（David Wallace）对这一点做了生动的诠释，他位于洛杉矶南加州大学的办公室距离卡罗尔的办公室仅仅24千米。华莱士之前在牛津大学与戴维·多伊奇（David Deutsch）共事，在与我见面时，他才刚搬到加州不久。同多伊奇一样，华莱士也是多世界诠释的坚定支持者。他的学术生涯始于理论物理学，但后来转到了哲学（他的一个广为人知的玩笑话是，因为当时理论物理学的论调"开始变得过于讲求实用"[210]）。身为一名哲学家，他被埃弗里特的多世界诠释深深吸引。

"对我来说，埃弗里特的诠释最具吸引力的一点是它没有强迫你修正物理学，"华莱士告诉我，"我很怀疑类似的修正是否真的能成功。"

为了说明自己的观点，华莱士从他自己黄色的线装笔记本上撕下一页纸，然后画了一个平面直角坐标系，X轴的名称是"改变物理学？"，而Y轴的名称则是"改变哲学？"。每条坐标轴的正数部分代表"是"，负数部分代表"否"。

这里所说的物理学特指物理系统遵循标准薛定谔方程演化的方式，而哲学指的则是我们研究科学的方式：标准的科学实在论，即认为我们的理论是一种对独立存在的现实的基于观察的客观描述。

他把两条坐标轴都为"是"的象限涂成了阴影。"没有人想同时改变这两个东西，所以我们划掉这个区域。"他说。

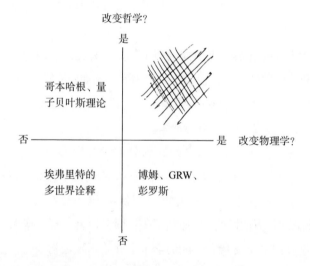

哥本哈根学派和量子贝叶斯理论（Quantum Bayesianism，简称QBism）落在了（否，是）象限内：他们不想改变物理学，只想改变哲学，因为哥本哈根诠释并不是一种独立于观察者（无论你如何定义"观察者"）的理论。哥本哈根诠释包含坍缩的过程，虽然坍缩本身是一种违背薛定谔方程的演化过程，但哥本哈根诠释为这种过程是如何发生的提出了一套规则，因此你大可以说它并没有改写现

有的物理学。

博姆力学、GRW 和彭罗斯的坍缩理论都试图修改物理学,方法无非是添加隐变量或者引入新的动力学定律,干扰薛定谔式的演化,使体系发生坍缩。但他们不想改变哲学。

埃弗里特既没有修改物理学,也没有修改哲学。"这话听起来怪怪的,因为埃弗里特的理论明明非常疯狂,但这种极度保守的特点正是它吸引我的地方。"华莱士说。

既然多世界诠释如此美丽和优雅,那为什么不是所有人都买它的账呢?首先,多世界诠释最让人难以接受的地方显然是多世界本身。这一点在埃弗里特公开理论之初就有人提出过,最著名的当数阿布纳·希莫尼于 1962 年 10 月在俄亥俄州辛辛那提会议上的发言。希莫尼说:"我觉得我们应该引用奥卡姆剃刀原理:奥卡姆认为'如无必要,勿增实体'。而我认为宇宙的历史就是这样一种实体,一个历史就已经足够了。"[211] 如果把这段话里的"历史"换成"世界",希莫尼的批评会更犀利。

当然,支持者认为反对者把奥卡姆剃刀原理用在了错误的地方。物理学家保罗·戴维斯(Paul Davies)曾问戴维·多伊奇:"你是想说平行宇宙作为一种假说很省事,只是需要很多的宇宙?"多伊奇答道:"完全正确。在物理学里,我们总是尽量让假说省事一些。"[212]

华莱士持有相同的观点。诚然,埃弗里特的诠释认为世界上有很多历史,很多世界,很多宇宙(无论你怎么想都可以)。"但重要的是,我们不需要把这些东西添加到作为基础的公式里。这些都只是我们对公式的诠释而已,"华莱士说,"我不认为有哪个站得住脚的科学原理会说东西越少就越好,倒是有非常可靠的科学原理说越简洁就越好。从数学上来说,多世界诠释无疑比(其他)任何修正理论都简洁。"

不仅如此，卡罗尔和华莱士还从宇宙学的角度驳斥了多世界诠释过于麻烦的看法。作为一名宇宙学家，卡罗尔喜欢设想如何用一个波函数代表整个宇宙，而且他认为这个波函数的演化与观察者无关——这样的设想能帮助他处理某些物理现象，比如大爆炸和黑洞。另外，宇宙学家认为，我们未观察到的宇宙无论如何都比我们能用望远镜观察到的宇宙大得多。"我们的物理学理论中已经充斥了数不清的东西。"华莱士说。再多一点儿又有什么关系呢？

还有其他为多世界诠释辩护的论证。有一种名为希尔伯特空间的特殊坐标系，在量子力学的数学表述中，我们可以用希尔伯特空间内的向量表示量子态。二维空间内的向量是一个带指向的箭头，从原点（0，0）出发，指向（X，Y）。三维空间内的向量则是从原点指向某个特定的坐标（X，Y，Z）。希尔伯特空间内的向量也没有什么不同，只不过这种坐标系的维度数量可以非常多。按照埃弗里特的处理方式（实际上，任何把宇宙当作整体处理的诠释都是同样的道理），整个宇宙的波函数可以用希尔伯特空间内的一个向量表示，但这种抽象的数学空间的维度将多得超乎想象。"它的维度可能是无限的，即使是最悲观的估计，维度的数量也可能在e的10^{120}次方左右，这是个大得离谱的数字，"卡罗尔说（自然常数e约等于2.72），"还有许许多多分支的空间，我们的估计还差得很远。"

薛定谔方程只告诉我们宇宙的量子状态——由希尔伯特空间内的一个向量表示——如何从一个向量变成了另一个向量。如果代表一个波函数的向量分裂成了两个向量，那么每一个分裂出的向量是否也代表了一个物理宇宙呢？"这个问题让很多人发愁，但我觉得没什么关系。我完全可以把它们当成一个个不同的宇宙，"卡罗尔说，"这些宇宙不在我们所处的物理空间内，它们位于希尔伯特空间，是独立于我们这个物理空间的拷贝。"

同样的论证方式还被用来反驳那些认为多世界诠释违背了能量守恒定律的人。新的物理分支需要的能量要从哪里来呢？答案是不需要，既然所有的世界（宇宙）都位于希尔伯特空间，而不是某个物理空间内，那么这个问题的提法本身就是错误的。比如，诺贝尔奖得主弗兰克·维尔切克（Frank Wilczek）认为："如果无法接触到其他宇宙，那对我们来说，它们既不能作为能量的来源，也不能作为能量的去处。"[213]

在卡罗尔看来，纠结有多少个世界是没有意义的，"我们应该成熟一些，把这件事放下吧。"他说。

这是因为，就埃弗里特的观点而言，似乎还有其他更紧要、更值得关注的问题。其中之一是：宇宙在分裂时究竟发生了什么。假设我们向分束器发射了一个光子，再让两条光路发生退相干，得到两个不同的世界。在这样的情况下，整个宇宙的每个地方是同时（考虑到爱因斯坦的相对论已经否定了宇宙中存在统一的"现在"，所以我们并不清楚应该如何定义这个"同时"）开始分裂的，还是先发生在分束器附近，然后再以光速向外扩散？即使是在能够接受多世界诠释的人中，对这个问题的见解也因人而异，没有定论和共识。

对于埃弗里特的观点，最广为人知的担忧很可能与概率的含义有关，这个概念在物理学乃至整个科学界都同样争议不断，但它在多世界诠释里显得格外扎眼。"多世界诠释把概率的神秘本质淋漓尽致地展现在了我们面前。"华莱士说。

假设我们可以改变马赫–曾德尔干涉仪的臂长，当光子一个接一个被送入干涉仪时，最终能有75%的光子到达探测器D1，另有25%的光子到达探测器D2（前面说过，只要精确调整两条光路的长度就可以达到这样的效果）。穿过两台分束器后的光子波函数可以用

两个波函数的线性叠加表示（$\psi = a\psi_{D1} + b\psi_{D2}$，其中 a 和 b 是概率幅，$|a|^2$ 等于 0.75，而 $|b|^2$ 等于 0.25，这两个数字分别代表光子触发探测器D1和探测器D2的概率，这也就是所谓的玻恩定则）。"问题是，为什么概率幅的平方可以被解读成概率？"卡罗尔说。

在哥本哈根诠释里，这只是一个规矩罢了：随机性是现实的固有本质，玻恩定则不过是给出了测量结果的概率表示方式。在博姆力学里，虽然量子系统的整个演化过程遵循决定论，但是我们不清楚系统的初始状态，所以还是要用概率表示演化的结果。而坍缩理论认为，量子系统的演化具有无法简化的随机性，它源于微观层面上某种随机的过程，无论我们是否对其进行测量都一样。

多世界诠释则把这潭水搅得更浑了一些。在埃弗里特最初的设想里，每当我们把一个光子射进这个概率比为 75 : 25 的干涉仪内，宇宙就会一分为二：一个是探测器D1被触发而探测器D2没被触发的宇宙，另一个则是探测器D2被触发而探测器D1没被触发的宇宙。因此，在前一个宇宙里，D1被触发的概率是1，而在另一个宇宙里，D2被触发的概率也是1。最重要的是，这两个世界都是真实存在的。既然如此，那我们应该如何理解量子力学分别给这两种结果赋予了 0.75 和 0.25 的概率呢？策略之一是设想这个实验会在每一个宇宙的分支中持续进行，导致宇宙不断发生分裂，产生更多新的分支。经过大量乃至无限次的观察，我们可以看看每一条分支的情况，然后问：探测器D1和探测器D2被触发的频率是否接近于理想的 75% 和 25%？并不是。"如果只是计算世界的总数，那么结果并不是 3 : 1，"奥地利物理学家霍华德·怀斯曼说，我们曾在介绍弱测量和博姆轨迹的时候提到他的研究，"在绝大多数的世界里，相对频率与量子概率完全不是一回事。"埃弗里特巧妙地提出，我们可以剔除某些世界——这种观点建立在玻恩定则的基础上。而在余下的世界里，只要观察的样本足够大，我们计算出的概率就可以与实际的频率相符。"可如果是这样处理，那所有世界都同样真实岂不成了一句空话？"怀斯曼说，"我们怎么能因为有些世界好像没有其他世界理想，就把它们统统去掉呢？"

怀斯曼并不是唯一一个无法在多世界诠释的频率和概率之间建立合理联系的人。卡罗尔和华莱士也一样。

卡罗尔提出了一种解决的办法：把概率想成某种主观的东西。[214] 卡罗尔和哲学家查尔斯·西本斯（Charles Sebens，昵称"奇普"）认为，$|a|^2$ 和 $|b|^2$ 应该被诠释为我们对测量结果的不确定程度。因此同经典物理学一样，我们在这里使用概率也是因为对信息的掌握不够全面，只不过涉及的对象更为玄妙：我们不知道自己在波函数的哪条分支上。假设我们做了一轮实验，把一个光子送进干涉仪内。探测器D1被触发是波函数的一条分支，探测器D2被触发是另一条分支，退相干发生后，根据D1和D2的触发情况，我们很快就能知道自己处在宇宙的哪一条分支里。"分支的产生在先，但退相干的速度非常快，通常只能用到 10^{-20} 秒的微观时间尺度来衡量。在宇宙发生分裂之后，总有那么一小段时间，世界上存在两个你，只不过这两个你是完全相同的，因为他们还不知道自己身处哪一条分支。"卡罗尔说。所以，即便世界上有两个你，在那短短的一瞬之间，这两个拷贝也并不知道分支的存在，而概率表示的正是我们对实验结果的这种无知。卡罗尔和西本斯指出，在退相干发生后的须臾之间，在某些简单的前提条件下，如果我们要分别给D1和D2被触发分配概率，那最终得到的结果就是 $|a|^2$ 和 $|b|^2$：这正是玻恩定则。卡罗尔说，"我们都在真实的世界里"，只是我们不知道自己在哪一个真实的世界里。

不过，我们还有另一种方式来看待概率在多世界诠释里的意义。

华莱士利用了决策理论，决策理论由戴维·多伊奇首创，研究的是促使人们做出某个决定或者在某件事上投注的原因。华莱士认为，如果我们要做上面提到的实验，并对测量的结果下注，那么在实验开始之前，我们能做的最理性的事就是把 $|a|^2$ 和 $|b|^2$ 当成概率，然后按照这个概率赌我们会在实验结束后发现自己处于波函数的哪一条分支。这是一个理性的个体会做的事：相信玻恩定则。华莱士通过预设某些看似简单且容易接受的前提，试图用决策理论推导玻恩定则。举个例子，如果宇宙的波函数只发生微小的改变，那我们的下注策略也应该只发生微小的调整。

这种处理方式并不能让所有人都信服。"（上面所说的前提）对普通物理量的处理来说是合理的。（但是）在讨论宇宙的波函数时，它还是合理的吗？波函数极其怪异。我们怎么可能清楚地知道自己面对的究竟是什么？"怀斯曼说，"它绝对不是一种我们能在现实世界中直观感受的事物。实际上，它在描述我们以及我们所有可能的未来。尽管已经有了不少相关的研究和理论，但我就是不相信（概率）问题已经被解决了。对我来说，这一直是多世界诠释的最大问题，从它被提出的那天起就是。埃弗里特肯定也对此心知肚明。"

可以确定的是，多世界诠释无疑让我们对概率在量子力学中的意义产生了质疑。

对概率的含义如此大惊小怪的不仅仅是多世界诠释的支持者。我们要介绍的最后一种量子诠释被称为量子贝叶斯理论（Quantum Bayesianism，简称QBism），它的名称源于贝叶斯概率法则（这个术语又是以 18 世纪统计学家兼神学家托马斯·贝叶斯的名字命名的）。量子贝叶斯理论不仅把概率问题放到了最核心的位置，还重新把观察者纳入了需要考虑的因素里，它宣称概率是主观的（因观察者而异），并质疑量子状态（希尔伯特空间内的向量）能否描绘客观的现实。量子贝叶斯理论"并没有摒弃实在这个概念……（而是认为）没有任何第三人称视角能够概括实在"。[215]

当克里斯托弗·富克斯（Christopher Fuchs）还在加拿大滑铁卢市的圆周理论研究所当研究员时，他曾和妻子基基（Kiki）一起买下一栋大房子，并翻修了它。房子的前主人是一位 90 多岁的女士，已经去世。屋里有一个小房间，老太太曾在那里边看电视边喝酒抽烟。她的烟瘾很重，从沙发旁边木地板上的香烟烫痕便可见一斑。克里斯·富克斯觉得这个房间很适合改成书房，而且要装那种顶天立地的书架，于是基基便按他的想法设计了一个。她徒手扒掉了浸满尼古丁的粗麻布墙纸（这种壁纸在建于 19 世纪末的房子里很常见），把房间打扫得干干净净。然后，他们请了一位木匠来做书柜（材料用的是直纹橡木，因为富克斯和木匠都认为这栋 1886 年的房子配得上这样的规格）。完成后的书柜主要用于存放富克斯最喜欢的哲学类书籍，它们大多与美国的实用主义有关，如威廉·詹姆斯和约翰·杜威（John Dewey）的作品。然而，富克斯专门在书房里为现代美国哲学家丹尼尔·丹尼特（Daniel Dennett）留出了一个区域。这倒不是因为富克斯有多欣赏丹尼特的哲学，事实恰恰相反。"我收藏丹尼特的书并不是因为我支持他的理论或者对他的理论感兴趣，而是因为我把他视为敌人，"富克斯告诉我，"你应该了解你的敌人。"

丹尼特是著名的唯物主义者，他一直认为意识给人的非物质性是一种错觉。而富克斯却想严肃对待我们的意识体验——他把自己的这种立场归因于受威廉·詹姆斯的哲学思想影响。另外，富克斯还深受约翰·惠勒的影响（两人在得克萨斯大学奥斯汀分校一起做过研究）。惠勒是玻尔的量子力学观点和哥本哈根诠释的坚定支持者，哥本哈根诠释的极端表述形式认为，观察的对象不可脱离观察者。对玻尔来说，观察者就是宏观的实验设备。惠勒有时会在这个推论的基础上深入一步，他想知道存在本身能否被拆解成一个个单独的量子现象，每一个现象对应一个观察者，最终，我们身处的宇宙就是"建立在难以计数的基本量子现象之上，建立在需要观察者参与的基本观察行为之上"。[216]

除了哥本哈根诠释，我们到目前为止介绍过的所有理论——博姆力学、坍缩理论、多世界诠释——都把观察者排除在系统之外（丹尼特很可能会为这样的做法鼓掌叫好）。但富克斯想接过玻尔和惠勒的衣钵，重新引入观察者这个因素。尤其是读过惠勒的研究后，富克斯开始思考"固有的随机性"指的究竟是什么（按照哥本哈根诠释的说法，我们赋予测量结果的概率将成为客观现实的一部分）。"它让我开始思考概率理论。"富克斯告诉我，我们坐在马萨诸塞大学波士顿分校的校园里，当时他已经离开滑铁卢，来到那里做研究（有意思的是，波士顿分校距离梅德福的塔夫茨大学仅数千米之遥，后者是丹尼特的主场）。

富克斯曾在阿尔伯克基的新墨西哥大学跟随卡尔顿·凯夫斯（Carlton Caves）攻读博士学位，早在那个时候，他就开始认真思考概率对于量子力学的意义了。当时的富克斯属于"频率学派"——这个学派认为概率是对事件发生倾向的客观衡量标准，这种倾向会在我们大量重复做一件事（最好是重复无数次）之后变得显而易见。然而，凯夫斯却属于贝叶斯学派。贝叶斯学派认为概率并非事物的客观属性，而是个体在评估一件事是否有可能发生之后，赋予事物的一种主观陈述：概率体现了这样一种理念，一个人因为某种原因无法确定眼前的情况，却又必须在这不确定的情况下做出最优的决定。量子贝叶斯理论正式诞生的时间是 2002 年，当时凯夫斯、富克斯和吕迪格·沙克（Rüdiger Schack）发表了第一篇相关的论文。[217]

事后表明，这个名字相当拗口（不仅如此，"贝叶斯理论"这个术语也引发了争议，因为贝叶斯概率理论内部对"概率"的认识也存在诸多分歧），所以富克斯最后将其简称为QBism（发音同"立体主义"——cubism），只留一个"B"代表"贝叶斯"。这一手堪称教科书般的营销学案例，QBism听上去顺耳多了。

量子贝叶斯理论挑战了波函数的意义。对波函数占据什么样的地位的争论，是目前为止我们看到的所有诠释的核心议题。对波函数地位的观点可以大致被分为两大类：第一类认为，波函数代表我们对量子系统的认识，因此它属于认识论的范畴，持这种立场的理论被称为"Ψ-认识论"；第二类认为，波函数就是现实的一部分，具有这种信念的理论被称为"Ψ-本体论"。

哥本哈根诠释是一种Ψ-认识论，它认为量子世界的现实性仅限于我们通过观察看到的事物。这种诠释主张波函数包含的信息足以让我们对实验的结果进行概率预测。此外，哥本哈根诠释还认为量子理论是完备的，并不需要添加任何隐变量。

也有一些不是反实在论的Ψ-认识论模型：它们既赋予了量子世界实性，又认为波函数并不是现实世界的一部分，而是我们对世界的认识。爱因斯坦被认为是这种量子力学观点的支持者。[218]

除了哥本哈根诠释，我们介绍过的其他理论——德布罗意-博姆理论，坍缩理论，还有多世界诠释——都以实在论的眼光看待波函数。它们主张这个世界是客观的，不依赖于观察者存在。换句话说，量子世界具有本体，而波函数是这种本体的一部分。如此看来，这些释义都属于Ψ-本体论。

但在上面所说的所有理论中，不管是认识论还是本体论，量子态（由波函数表示）都与量子系统密不可分——所有的观察者都会客观地认同这一点。而量子贝叶斯理论在这一点上的立场却截然不同。"我们会说：自然界根本没有所谓的量子状态，"富克斯说，"它们并不是客观存在的。"

量子贝叶斯理论绝对属于Ψ–认识论，但它认为波函数只与每一个研究量子系统的观察者有关，而不是与量子系统本身有关。因此，假设我正在测量一个量子体系，那么我用来描述这个量子系统的波函数就只反映我对自己即将采取的行动的后果的预期。而这些预期由我对目标体系的信念决定。

以光子穿过分束器的情况为例。如果作为观察主体的你不知道分束器的功能是什么，那你可能就需要用一个波函数来表示光子穿过分束器的过程，它代表你不清楚具体发生了什么。这个波函数是两个部分的线性叠加（分别是透射路径和反射路径）。我们假设你给光子触发探测器D1这种情况分配的概率是1/3，给光子触发探测器D2分配的概率是2/3。这相当于给波函数的两个组成部分（对应反射和透射）的概率幅分别赋值$1/\sqrt{3}$和$\sqrt{2}/\sqrt{3}$，如此一来，它们平方之后便正好等于相应的概率。

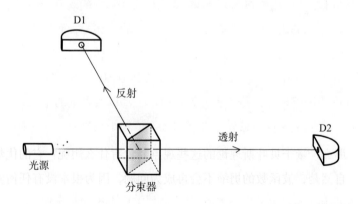

但是随着经验的积累——比如不断重复这个实验，或者弄明白分束器的物理学原理、阅读教科书，又或者与同事讨论——你发现

自己假设的这两个概率是错误的。于是你会不断修正自己的波函数，直到它能准确反映你的信念：光子有一半的概率触发D1，另有一半的概率触发D2。同样的道理可以扩展到完整的马赫–曾德尔干涉仪实验，甚至双缝实验中，只是论证的过程会变得更复杂。但无论是多么复杂的系统，我在这里想说的重点其实是：我们对于什么事情可能会发生的个人信念，决定了我们会给实验结果分配怎样的概率。

"这些全都是因人而异的贝叶斯概率，"富克斯说，"贝叶斯观念认为，我们通过分配概率来衡量自己无法准确预测的事物。我们给各种可能的结果分配一个概率，可能只是因为我们没有了解全部的信息。（概率）不是事物的客观特征，而是一种关于个人（在做预测时）的陈述。"

有的物理学家认为量子贝叶斯理论只不过是换了皮的哥本哈根诠释，但富克斯表示强烈反对。他指出，在哥本哈根诠释中，波函数与作为研究对象的量子系统相关，而就算移除观察者，也无法移除波函数：它依然存在，与观察者无关，它是一种关于量子系统的客观的认识论陈述。而量子贝叶斯理论不一样，没有观察者，就没有所谓的量子状态和波函数。不仅如此，哥本哈根诠释是一种反实在论，而按照富克斯的说法，量子贝叶斯理论则不是。它并没有否定真实世界的存在。量子贝叶斯理论针对的是量子态，它明确指出量子力学表述形式里的状态与现实世界无关，只代表我们对现实世界的信念。它们是主观的，不是客观的。

那么，量子贝叶斯理论的这些观点究竟有什么用呢？它的优势之一自然是，波函数的坍缩不会再成为问题，因为根本没有任何实实在在的东西发生了坍缩。崩塌的仅仅是我们的信念：波函数量化了我们对这个世界的期望，其实是它发生了改变。除此之外，现实中并没有发生任何物理变化（值得注意的是，所有Ψ–认识论都能提出相同的论点，即坍缩与现实中的物理体系没有任何关系，它只涉及我们对系统的认识[219]）。

"量子贝叶斯理论认为，我们再也没有必要深究物理世界究竟发生了什么，"这是富克斯对于是否有必要解释坍缩的看法，"现在你可以这样说：我采取了一个行动，带来了一个结果，而因为这个结果，我产生了新的信念。我的这种信念可以用数学符号 ψ 表示。由于我产生了新的信念，突然之间，基于这些新的认识和经验，这个数学符号的含义瞬间发生了改变。"

在关于量子世界的诠释或理论中，量子贝叶斯理论是最年轻的后辈，但它与绝大多数物理学家的观念格格不入，他们不愿接受这种个体化的科学。曾有那么一段时间，除了富克斯和沙克之外，很少有人认同这种理论。但情况在戴维·默明登场后发生了变化，默明生活在纽约州的伊萨卡市，是康奈尔大学著名固体物理学家，他的背书让量子贝叶斯理论受到的关注飙升。

"量子贝叶斯理论真正吸引我的地方不仅是在它的理论背景下，哥本哈根诠释变得更为合理，而且是它可以解释为什么哥本哈根诠释那么难以理解，"默明说，我们见面的地点在他位于伊萨卡市的办公室，那是个狂风大作、寒冷刺骨的冬日，"因为每个人都把科学家接受的那套万年不变的教育奉为圭臬，也就是试图构建人对外部世界的理解，而对作为理解主体的人只字不提。哥本哈根诠释中很多棘手和麻烦的部分，都来自强行将本身并非客观，而是主观且因人而异的东西客观化。"

量子贝叶斯理论主张，唯一真实的东西是我经历和体验过的东西，这让它背上了唯我论的骂名。在默明看来，这种说法有一个漏洞。人类会交流，我们可以用语言（比如用科学和数学的语言）分享个人的经验和经历，这让我们的主观经验成了一种可以共享的实在。

不过，量子贝叶斯理论认为并不存在从客观的第三人称视角看到的现实。这一点牵扯到了其他的问题，比如宇宙到底是定域的还是非定域的，或者量子世界和经典世界之间究竟有没有分界线——对这类问题的看法同样是我们区分各种量子诠释的依据。以非定域性为例，哥本哈根诠释认为量子世界是非定域的，但是对于它为什么是非定域的，哥本哈根学派却没有给出任何像样的解释：说它是，它就是。德布罗意-博姆理论解释非定域性的方法是引入非定域性隐变量。坍缩理论也是一种非定域性理论，因为它们把波函数放到了极其重要的位置，而波函数的坍缩（无论原因是GRW认为的随机坍缩，还是迪欧希-彭罗斯理论主张的引力）是一种非定域性事件。多世界诠释的部分支持者认为宇宙是定域的，量子贝叶斯理论对此表示赞同，双方论证的理由和方式也非常相似。

让我们回顾一下阿兰·阿斯佩的那个实验：爱丽丝和鲍勃在进行测量后发现，相隔很远的纠缠光子能瞬间向对方施加影响，比如爱丽丝的测量会立刻影响鲍勃的光子，反之亦然。因此，如果爱丽丝和鲍勃都进行测量，而且都从测量里得到明确的结果，那么从第三人称视角进行分析，这些测量结果之间会存在某种不靠非定域性就无法解释的关联。可是，这种第三人称视角在多世界诠释里没有任何意义。戴维·华莱士在他写的书《多元宇宙的兴起》（*The Emergent Multiverse*）里提出，"探讨贝尔定理的视角通常是第三人称"，但在多重世界里，"从第三人称的视角看，实验根本就没有唯一且明确的结果"。[220]

华莱士解释道："从给定实验者的视角看，她的实验当然有唯一且确定的结果，这一点即便在多世界诠释的理论框架内也一样。但贝尔定理成立的条件比这更严格：它要求从她的视角看，那个距离很远的合作者的实验也必须有唯一且确定的结果。这种情况在埃弗里特提出的量子理论中是不会发生的，除非遥远的实验合作者能进入她的过去光锥。"[221] 这意味着只有当爱丽丝或者鲍勃进入对方世界的那一刻，她或他才有可能同时讨论二人的测量结果，而这种情况发生的速度不可能超过光速。

在位于波士顿的办公室中，富克斯在白板上画了卡通版的爱丽丝和鲍勃，来解释为什么量子贝叶斯理论对这个问题持有相似的观点。"我必须承认，解释的方法跟多世界诠释有点儿像。"他说。量子贝叶斯理论和多世界诠释都认为，从爱丽丝的视角看不到鲍勃的探测器被触发，反过来也一样。但贝尔的分析坚持认为从第三人称视角可以看到两人的探测器是否被触发。这种情况在量子贝叶斯理论中不可能发生。只有爱丽丝走到鲍勃身边之后（她的速度不可能超过光速），鲍勃的测量结果才会变成她的个人经验，她才能借此修正自己对现实情况的认识。但到那时，爱丽丝和鲍勃获得的测量结果就没有所谓的相关性可言了。"在贝叶斯理论的诠释中，量子力学无法定义两个类空事件之间的相关性，无论这种相关性是否'如幽灵一般'，因为没有单一的主体可以同时经历或感受这两个事件。所以量子贝叶斯理论明确认为量子力学具有定域性。仅此而已。"[222]

量子贝叶斯理论同样不认可量子世界和经典世界之间存在分界的说法。哥本哈根诠释强制这种界线存在：有些物体是量子的，也有些物体是经典的。但它没有明确解释为什么事物有量子和经典之分。退相干曾让我们以为自己明白了为什么量子态最后有可能变成经典态，但它其实并不能回答这个问题。德布罗意–博姆理论不认为量子和经典之间存在界线，无论一个物体是大是小，构成它的粒子始终都有明确的位置。坍缩理论提出了一种全新的随机坍缩机制，量子世界和经典世界的界线正是这种坍缩过程的产物。多世界诠释没有区分经典世界和量子世界：波函数一直都存在，它的演化永远不会停止。量子贝叶斯理论的看法和上面这些理论都不同，它要求我们重新思考"量子"和"经典"的含义，因为以往我们在探讨这两个术语时，通常都是从不带个人色彩的、客观的第三人称视角。"科学就是特定的个体用自己的经验与外部世界的某个部分发生互动……这是量子贝叶斯理论对科学的核心认识。"[223] 戴维·默明在他题为《为什么量子贝叶斯理论不是哥本哈根诠释，以及约翰·贝尔可能会如何看待它》的论文中如此写道。因此在量子贝叶斯理论中，一个人（这里的"一个人"指的正是某个特定的人）对什么是经典什么是量子的看法，完全由这个人对外部世界抱有什么样的信念决定。

如果你觉得这些东西让你头昏脑涨，不要担心，因为感到痛苦不堪的人不只是你。潜心研究这类问题的物理学家也免不了感到困惑。有些研究博姆力学的专家学者声称自己对量子贝叶斯理论一无所知，研究量子贝叶斯理论的人认为坍缩理论误入了歧途，关注坍缩理论的人觉得多世界诠释华而不实，而多世界诠释的支持者则批评博姆力学过于做作。当然，所有这些量子诠释的支持者都认为哥本哈根诠释应当被投进历史的垃圾桶。至于哥本哈根学派的信众，他们依然是一副高高在上的样子，不愿自己走下神坛。

有的青年才俊——比如像 24 岁的海森堡那样的人——或许能理清其中的头绪。安东·蔡林格曾在富克斯结束一场关于量子贝叶斯理论的演讲后对他发表过评价，那场演讲并没有如富克斯自己事前预想的那样引起强烈反响，但蔡林格给出了很有洞察力的评论。富克斯说学富五车的阿兰·阿斯佩（当时也在场）批评他"是个疯子"。[224] 就连脾气向来很好的默明都走到富克斯面前，对他说："我们需要谈谈。这是你讲得最糟糕的一次。"[225] 但蔡林格却说："讲得好！"[226] 听闻此言，默明回应道："不，一点儿也不好！"[227] 根据富克斯的回忆（他把这段往事写了下来），蔡林格隔着默明，直接对富克斯说道："你知道年轻时候的我在组会上被坐在前排的老教授们教训了会怎么做吗？我会在说话的时候不看他们，把视线投向会场的后排，看那些年轻学生的反应。他们才是愿意接受新鲜事物的人。"[228]

或许真的只有靠年轻且不带成见的新人，我们才能透彻地认识量子世界。我遇到过各种各样的物理学家，有的深信自己正走在正确的道路上，因此必须集中所有的能量，将毕生的精力倾注到追寻大自然的本质上；也有的始终不满于现状，他们对量子力学根基上的裂缝时刻保持着警觉，因而无法全身心地投向任何一条道路。诚然，量子力学现有的诠释和表述形式不可能都是正确的。或许其中有一个是对的，也可能没有一个是对的。或者情况更复杂一些，也许它们都是从各自的角度触及了部分真相，让我们得以一窥某个隐藏得更深的现实。倘若真是如此，裂缝就能让更多的光线照进来，让我们看看光究竟能不能同时穿过两道门。

用不同的方式看待相同的事物？

20 世纪 70 年代末到 80 年代初，艾哈德研讨训练课程创始人维尔纳·艾哈德（Werner Erhard）曾组织过一系列物理学会议：因为靠灵修课程赚了大钱，所以他就把这笔钱花在了自己喜爱的物理学上。"艾哈德研讨训练课程组织的物理学会议吸引了物理学界的众多高人。"戴维·凯泽（David Kaiser）在他的书《嬉皮士如何拯救了物理学：科学、反主流文化与量子复兴》中写道。[229] 斯坦福大学理论物理学家伦纳德·萨斯坎德（Leonard Susskind）便是其中之一。一天晚上，萨斯坎德与理查德·费曼，还有悉尼·科尔曼（Sidney Coleman）一起，在艾哈德位于旧金山的家中共进晚餐。艾哈德当天还邀请了两位年轻的哲学家。"他们滔滔不绝地说着各种各样的哲学辞藻，那种学术风格的哲学辞藻……费曼显然听烦了，于是把他们驳斥得哑口无言，丝毫不留情面。我不知道应该怎样形容当时的场面。费曼只用了一些简单的话语，仿佛手里拿着一根大头针，把两个年轻人的气球一个接一个地扎破。你完全可以说费曼的做法很难看，但好在对方不仅完全不介意，甚至还被他迷住了。"萨斯坎德告诉我。

不过萨斯坎德也说，虽然费曼不喜欢夸夸其谈的哲学家，但他

"很可能是我认识的物理学家中最有哲思的人"。

费曼在康奈尔大学举办的系列讲座就清晰显示出了这一面。在其中一次演讲中，他让听众设想两种理论——A和B，它们对现实本质的看法不同，但在数学上完全等价，能做出完全相同的经验性预测，而且无法通过实验相互区分（他本可以说哥本哈根诠释和博姆力学，但他想进行普适的论证，因此并没有这样做）。[230] 费曼提出，虽然我们无法在科学发展的特定阶段区分A和B，但这两种理论背后的思想体系依然会把我们引向不同的方向，理解这一点是很重要的。

"对构建新的理论来说，这两种理论是完全不等价的。因为它们会让我们形成不同的观念。"费曼说。[231]

举个例子，我们或许可以对理论A做某种微小的调整，而这种微调对理论B来说却不行。由此造成的后果是，理论A能在稍做修正后变成一种很不一样的新理论。"换句话说，虽然它们在修改之前是一样的，但总有一些修改方式会让其中一种理论显得很自然，可在另一种理论里却显得没那么自然。因此，从心理上来说，我们必须把所有的理论都记在脑子里，"费曼说，"对于同一种物理现象，每个优秀的理论物理学家都应当知道六七种解释该现象的不同理论，他知道这些理论都是等价的，而且没有人可以裁定哪一种才是正确的……但他必须将它们记在脑子里，并希望它们能给自己带来不同的观念和想法。"[232]

这恰好是霍华德·怀斯曼目前在澳大利亚布里斯班努力的方向：尽可能多地学习各种关于量子力学的诠释和理论，然后看会发生什么。一个非常直观的感受是，每一种理论和诠释都是在揭示同一个现实的不同方面。"科学哲学取得的许多进展都来自证明原来被认为互不相关的理论只是看待同一个事物的不同角度而已。"怀斯曼对我说。

将同样的道理用到量子力学中，我们就会得到一些出人意料的深刻洞见。以坍缩理论和类似博姆力学的隐变量理论为例，这两种理论对现实本质的看法可谓大相径庭。在博姆力学中，一个双粒子体系对应的波函数包含两个变量，它们分别表示A粒子的位置和B粒子的位置。除此之外，这两个粒子还有明确的空间位置，它们正是隐变量理论中的"隐变量"。现在，假设我们知道了A粒子的精确位置（在现实中这是不可能的，但出于论证的需要，我们姑且认为可以），那我们就可以把这个值代入公式，然后把波函数化简成一个单变量函数（B粒子的位置成了唯一的变量）——就效果而言，这等同于波函数的坍缩。

　　这让怀斯曼想到了坍缩理论，这种理论认为波函数会在不同的时空位点上以特定的概率随机发生坍缩。[233] 怀斯曼觉得，坍缩理论中的波函数或许与其他含有我们不知道的隐变量的大型系统发生了纠缠。这些隐变量数值的变化可以影响研究对象的波函数，由于我们没有意识到这一点，所以从表面上看，波函数的坍缩仿佛是随机的。如果从这个角度思考，那么坍缩理论就变成了隐变量理论，只不过这些变量是名副其实的隐变量——我们只能看到它们造成的效应。

　　怀斯曼还找到了将博姆力学和多世界诠释联系起来的方法。以博姆力学对单粒子双缝实验的解释为例。只要知道粒子准确的初始位置和初速度，我们就可以精确预测它在实验装置内的运动轨迹。但是，为了契合量子力学只能做概率性预测的特点，博姆力学给粒子的初始状态添加了少许的不确定性：它的初始位置只能用概率场表示。这意味着粒子的初始位置有很多种可能性，每个位置对应一个概率。这就类似于假想有一个粒子的集合，其中所有粒子的初始位置构成了上面所说的概率场，概率的数值由波函数的模平方表示。

真正的粒子只能位于其中一个位置，只是我们不知道是哪一个。接下来，随着粒子穿过双缝，我们可以根据这个假想的初始粒子集合得到一个假想的粒子轨迹集合，但是，这个集合里当然也只有一条轨迹是真实存在的：我们只要做一次实验，就能看到与这条轨迹对应的结果。我们将看到粒子落在光屏的某个点上，这个结果在实验结束之前只能用特定的概率表示。如果我们一遍又一遍地重复同样的实验（每次实验假想的粒子集合都相同），获得一条又一条实际的运动轨迹，再把它们合到一起，我们就会得到干涉图样。

在设想这种假想的集合时，怀斯曼好奇：如果这种集合并不是假想的，其中的每个粒子都真实存在，只是存在于不同的世界里，那会怎么样？每个粒子都受到周围粒子的影响（总有一些区域的粒子比其他区域的粒子更密集）。如此一来，与相邻的其他粒子之间的相互作用便决定了每一个粒子的运动，这与椋鸟在椋鸟群中的飞行有异曲同工之妙。这里的重点是，我们并不需要用波函数来确定某个粒子的轨迹。"在想到这一点的时候，我脑子就只剩下'哇哦！'了。"怀斯曼说。

针对这种情景，他和同事德克–安德烈·德克特（Dirk-André Deckert）以及迈克尔·霍尔（Michael Hall）提出了一种特殊的多世界力学定律，并对其进行了模拟。首先，他们用博姆力学（波函数、隐变量等）描绘了粒子穿过双缝的运动轨迹。然后，他们把每条运动轨迹都当作粒子和存在于其他世界的粒子发生相互作用的结果，并以此为前提重新审视这些轨迹，完全不借助与波函数演化有关的数学演算。他们得到的结果是，用这两种方式模拟出的粒子轨迹竟然十分相似。[234]

"这只是针对一个粒子的理论，"怀斯曼说，"宇宙当然不像一个粒子那么简单。"

对于多粒子体系，虽然每个粒子都在三维空间内，但波函数存在于位形空间。任何三维空间内的粒子空间分布都对应位形空间内的一个点。这一个点就可以代表一个世界。在博姆力学中，我们不清楚粒子的初始参数，这种不确定性在位形空间内体现为点的概率分布，或者说一个假想的世界集合。博姆力学认为只有一个世界是真实的，它的演化可以用相应的波函数描述，但这个波函数也因为粒子不确定的初始状态而变得不确定。正如三维空间内的粒子会受到位于其他世界的粒子的影响，怀斯曼想论证的是，我们可以把位形空间内这个假想的点集当成许多真实的世界处理。每一个世界都会与位形空间内的其他世界发生相互作用，而且这种作用是定域性的：距离较近的世界之间的影响比距离较远的世界之间更大。

这种想法带来的影响非常深远。比如，位形空间内的定域性影响在三维空间内却有可能表现为非定域性。"这或许就是量子力学非定域性的源头。"怀斯曼说。他给这种尚不成熟的想法取名为"相互作用多世界理论"（为了与埃弗里特的多世界理论相区分）。量子世界的奇特表现或许起源于更深层次的现实，相互作用多世界理论正是这种解释的一个实例。不过，怀斯曼当然没有断定这就是量子世界里发生的实际情况，这只是一种有益的尝试，目的是说明我们有无数种解释量子现象的方式，只不过其中一些比另一些拥有相对更坚实的数学基础。没有哪一种方式是完美的，它们都有自己的问题，比如哥本哈根诠释有测量问题，博姆力学可能与狭义相对论相悖（更别提有些人对隐变量深恶痛绝），坍缩理论中那显得极其刻意的随机坍缩，以及埃弗里特的多世界诠释不知如何解释概率。

这些理论和诠释在分析量子世界时的侧重点各不相同，我们可以根据不同的标准对它们进行分类。

以是否属于决定论为例，德布罗意–博姆理论、埃弗里特的多

德布罗意–博姆理论

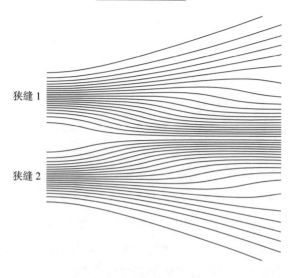

狭缝 1

狭缝 2

相互作用多世界理论

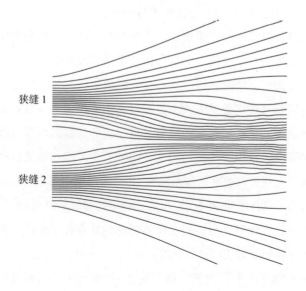

狭缝 1

狭缝 2

世界诠释以及怀斯曼的相互作用多世界理论都属于决定论，而哥本哈根诠释和坍缩理论则不属于。量子贝叶斯理论并没有提到现实世界是确定还是不确定的。

那实在论呢？德布罗意–博姆理论、坍缩理论、多世界诠释，还有相互作用多世界理论都属于实在论。但哥本哈根诠释不属于。量子贝叶斯理论是一种实在论，但它特别指出波函数并不是现实的一部分。

对于波函数是唯一需要考虑的东西这种说法呢？多世界诠释和坍缩理论表示认同。德布罗意–博姆理论表示反对（因为还有隐变量）。相互作用多世界理论里没有波函数。哥本哈根诠释认为波函数代表了量子世界，但除此之外，我们还需要考虑经典世界。而在量子贝叶斯理论中，波函数的地位完全是主观的（因观察者而异）。

然后就是定域性和非定域性这个关键的问题。如果只考虑我们所在的三维世界，德布罗意–博姆理论、坍缩理论和相互作用多世界理论都是非定域性的。埃弗里特的多世界诠释在这一点上的立场仍有争议，但大部分观点倾向于认为它是一种定域性理论。哥本哈根诠释的看法不明确：如果我们认为波函数可以代表某种现实中的事物，那么它就是一种非定域性理论，否则就根本不需要担心非定域性的问题，因为我们在现实中能做的只有测量、对不同的测量结果进行比较，然后寻找关联，仅此而已（哥本哈根诠释无意为结果的相关性寻找解释）。而如我们在前文所说，量子贝叶斯理论不支持非定域性。

还有很多更加精细的差别，但这里的意思已经相当明确了：我们没有一致的标准对这些理论进行分类。这强烈暗示着，我们对量子世界的认识尚未完善。而为了增进认识，我们很可能还是得靠双缝实验的各种变体。

这一点在我们验证量子力学某个关键性假设的相关实验中体现得无比清晰，这个假设就是玻恩定则。正如某个杰出的理论学家所说："一旦玻恩定则被证伪，那么一切就都完了。"[235]为了解释量子世界的现象，我们想出了形形色色的数学表述形式，而这些表述形式最终全都是为了回答同一个问题：为什么我们会在以双缝为代表的实验中，得到现在这些结果。光子穿过双缝，波函数发生分裂、演化，然后又重新合并，诸如此类。最后，波函数可以写成不同波函数的线性叠加（每一个波函数代表光子可走的一条路线），每个波函数的演化都遵循薛定谔方程。我们认为光子处于叠加态，它同时走过了每一条可能的路线。玻恩定则则认为，光子落到特定位点的概率可以用波函数在这个位置的模的平方表示。但是，"玻恩定则只是一种推测，"乌尔巴西·辛哈（Urbasi Sinha）说道，他曾在加拿大滑铁卢大学的量子计算研究中心任职，如今在印度班加罗尔的拉曼物理研究所工作，"它还没有得到正式的证明。"

　　诚然，有许多量子力学现象与理论预测相符，而且二者的契合程度高得惊人，但这些预测都以玻恩定则是正确的为前提。目前，辛哈和她的同事正试图直接验证玻恩定则，他们用的是什么方法？当然还是双缝实验（有时也可能是三缝实验[236]，它可以让某些测量变得更精确，但双缝实验和三缝实验在概念上没有任何区别）。以光子的双缝实验为例。按照费曼的路径积分法，要计算光子落在某一点，比如光屏中心的概率，我们必须同时考虑经典路径（从两道狭缝中的一道径直穿过）和非经典路径，后者譬如光子在穿过其中一道狭缝后瞬间转向另一道狭缝，然后再次朝光屏冲去。

　　辛哈的团队根据实验装置内最主要的经典和非经典路径，计算出了光屏中心光强的预期值。他们所做的下一步是阻挡非经典路径（只要在其中一道缝里插入一块挡板就行了，这可以阻止光子沿紧贴

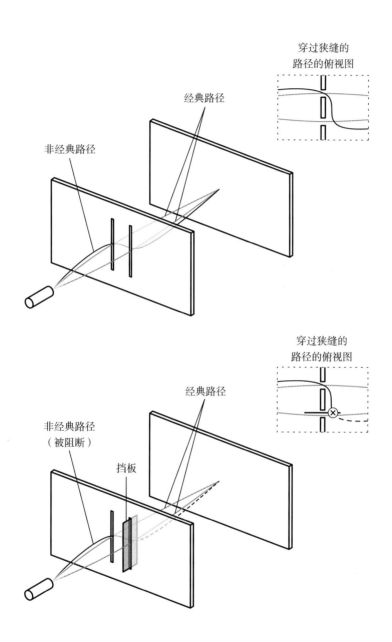

穿过狭缝的
路径的俯视图

经典路径

非经典路径

穿过狭缝的
路径的俯视图

经典路径

非经典路径
（被阻断）

挡板

狭缝表面的路径前进。挡板很薄，所以挡板两侧会留出足够的空间，让光子能够沿经典的路径行进），随后计算光强变化的预期值。在这个实验中，光强的测量值与玻恩定则的表述形式是否准确密切相关。概率究竟是等于波函数概率幅的平方，还是等于概率幅的（$2+\delta$）次方，其中δ代表某个微小的偏差[237]？包括辛哈团队在内的许多研究团队都在探索这个问题。"无论这个偏差有多小，它都会引起巨大的改变。"辛哈告诉我。

尽管就目前而言，玻恩定则的准确性已经经受住了相当大的考验，但实验学家仍然不依不饶。只要他们能证明玻恩定则需要修正，这就在现有的量子理论上打开了一个豁口，给理论学家提供必要的线索，以构建一种能够正确认识自然的量子力学。验证玻恩定则的实验也证明，双缝实验这套简单的实验装置始终蕴藏着某种驱动现实的核心法则。

正如费曼在康奈尔大学的讲座中所说："事实证明……量子力学里的所有情景，都可以用事后的一句'你还记得那个用双孔做的实验吗？'来解释。"[238]

物理学仍未参透双缝实验。这个实验尚未了结。

1. Carl C. Gaither and Alma E. Cavazos-Gaither, eds., *Gaither's Dictionary of Scientific Quotations* (New York: Springer, 2008), 502.

2. Siri Hustvedt, "The Drama of Perception: Looking at Morandi," *Yale Review* 97, no. 4 (Oct 2009): 20–30.

3. http://www.cornell.edu/video/playlist/richard-feynman-messenger-lectures.

4. Feynman Messenger Lectures, Lecture 1, "Law of Gravitation," http://www.cornell.edu/video/richard-feynman-messenger-lecture-1-law-of-gravitation.

5. Feynman Messenger Lectures, Lecture 6, "Probability and Uncertainty: The Quantum Mechanical View of Nature," http://www.cornell.edu/video/richard-feynman-messenger-lecture-6-probability-uncertainty-quantum-mechanical-view-nature.

6. 同前。

7. 同前。

8. 同前。

9. 同前。

10. 英国物理学家吉姆·阿尔-哈里里也用同一个思路展示了用粒子做的双缝实验：https://youtube/A9tKncAdlHQ?t=125。

11. Andrew Robinson, *The Last Man Who Knew Everything* (London: OneWorld, 2007).

12. 同前，51。

13. Thomas Young, "The Bakerian Lecture: Experiments and Calculations Relative to Physical Optics," *Philosophical Transactions of the Royal Society of London* 94 (1804): 1–16.

14. 同前。

15. 同前。

16. 同前。

17. https://www.britannica.com/biography/Henry-Peter-Brougham-1st-Baron-Brougham-and-Vaux.

18. Whipple Museum of the History of Science, http://www.sites.hps.cam.ac.uk/whipple/explore/models/wavemachines/thomasyoung/#ref_2.

19. Werner Heisenberg, *Physics and Philosophy* (London: Penguin Books, 2000), 83.

20. https://www.aps.org/publications/apsnews/200007/history.cfm.

21. Louis de Broglie, *Matter and Light: The New Physics,* trans. W. H. Johnston (New York: W. W. Norton & Co., 1939), 27.

22. J. Clerk Maxwell, "A Dynamical Theory of the Electromagnetic Field," *Philosophical Transactions of the Royal Society of London* 155 (1865): 459–512.

23. D. Baird, R. I. Hughes, and A. Nordmann, eds., *Heinrich Hertz: Classical Physicist, Modern Philosopher* (Dordrecht, NL: Springer Science, 1998), 49.

24. 同前。

25. Andrew Norton, ed., *Dynamic Fields and Waves* (Bristol: CRC Press, 2000), 83.

26. Joseph F. Mulligan, "Heinrich Hertz and Philipp Lenard: Two Distinguished Physicists, Two Disparate Men," *Physics in Perspective* 1, no. 4 (Dec 1999): 345–66.

27. "Heinrich Hertz," editorial in *Nature* 49, no. 1264 (Jan 18, 1894): 265.

28. Mulligan, "Heinrich Hertz and Philipp Lenard."

29. https://history.aip.org/history/exhibits/electron/jjrays.htm.

30. http://history.aip.org/exhibits/electron/jjelectr.htm.

31. Mulligan, "Heinrich Hertz and Philipp Lenard."

32. Abraham Pais, "Einstein and the Quantum Theory," *Reviews of Modern Physics* 51, no. 4 (Oct 1979): 863–914.

33. Mulligan, "Heinrich Hertz and Philipp Lenard."

34. Philip Ball, "How 2 Pro-Nazi Nobelists Attacked Einstein's 'Jewish Science' " excerpt, February 13, 2015, https://www.scientificamerican.com/article/how-2-pro-nazi-nobelists-attacked-einstein-s-jewish-science-excerpt1/.

35. George K. Batchelor, *The Life and Legacy of G. I. Taylor* (Cambridge: Cambridge University Press, 1996), 40.

36. 同前。

37. 同前，41 页。

38. 同前。

39. Sidney Perkowitz, *Slow Light: Invisibility, Teleportation, and Other Mysteries of Light* (London: Imperial College Press, 2011), 68.

40. George K. Batchelor, *The Life and Legacy of G. I. Taylor*, 41.

41. Gösta Ekspong, "The Dual Nature of Light as Reflected in the Nobel Archives," https://www.nobelprize.org/nobel_prizes/themes/physics/ekspong/.

42. Walter Isaacson, *Einstein: His Life and Universe* (New York: Simon & Schuster, 2007), 100.

43. Participants of the Fifth Solvay Congress, https://home.cern/images/2014/01/participants-5th-solvay-congress.

44. Jagdish Mehra, *Einstein, Physics and Reality* (Singapore: World Scientific, 1999), 94.

45. Gino Segrè, *Faust in Copenhagen: A Struggle for the Soul of Physics* (New York: Viking Penguin, 2007), 116.

46. Jagdish Mehra, *Golden Age of Theoretical Physics*, *vol. 2* (Singapore: World Scientific, 2001), 648.

47. 同前，650 页。

48. 同前，651 页。

49. 同前，652 页。

50. 同前，840 页。

51. Walter Moore, *Schrödinger: Life and Thought* (Cambridge: Cambridge University Press, 2015), 192.

52. Dick Teresi, "The Lone Ranger of Quantum Mechanics," review of Walter Moore's *Schrödinger: Life and Thought,* January 7, 1990, http://www.nytimes.com/1990/01/07/books/the-lone-ranger-of-quantum-mechanics.html.

53. Abraham Pais, "Max Born's Statistical Interpretation of Quantum Mechanics," *Science* 218 (Dec 17, 1982), 1193–98.

54. Moore, *Schrödinger,* 221.

55. 同前。

56. 同前。

57. 同前，226 页。

58. 同前，228 页。

59. Stefan Rozental, ed., *Niels Bohr: His Life and Work as Seen by His Friends and Colleagues* (Amsterdam: North-Holland Publishing, 1967), 104.

60. Jørgen Kalckar, ed., *Niels Bohr Collected Works, vol. 6* (Amsterdam: North-Holland, 1985), 15.

61. Rozental, *Niels Bohr,* 105.

62. Léon Rosenfeld and J. Rud Nielsen, eds., *Niels Bohr Collected Works, vol. 3* (Amsterdam: North-Holland, 1976), 22.

63. 同前。

64. Manjit Kumar, *Quantum: Einstein, Bohr, and the Great Debate about the Nature of Reality* (New York: Norton, 2011), 273.

65. 反冲双缝的图像受启发于 P. Bertet et al., "A Complementarity Experiment with an Interferometer at the Quantum-Classical Boundary," *Nature* 411 (May 10, 2001): 166–70 中的一张绘图。

66. Jorrit de Boer, Erik Dal, and Ole Ulfbeck, eds., *The Lesson of Quantum Theory* (Amsterdam: North-Holland, 1986), 17.

67. Arthur Eddington, *The Nature of the Physical World* (New York: Macmillan Company, 1929), 199.

68. Stefan Hell, Nobel Banquet Speech, December 10, 2014, https://www.nobelprize.org/nobel_prizes/chemistry/laureates/2014/hell-speech_en.html.

69. 同前。

70. J. S. Bell, "On the Einstein Podolsky Rosen paradox," *Physics Physique Fizika* 1, no. 2 (Nov 1, 1964): 195–200.

71. William M. Honig, David W. Kraft, and Emilio Panarella, eds., *Quantum Uncertainties: Recent and Future Experiments and Interpretations* (New York: Plenum Press, 1987), 339.

72. 该计算出现在Giancarlo Ghirardi, *Sneaking a Look at God's Cards: Unraveling the Mysteries of Quantum Mechanics* (Princeton: Princeton University Press, 2005), 16 中。

73. Richard P. Feynman, Robert B. Leighton, and Matthew Sands, *The Feynman Lectures on Physics, vol. 1, New Millennium Edition* (New York: Basic Books, 2011), 37–5.

74. Edgar Völkl, Lawrence F. Allard, and David C. Joy, eds., *Introduction to Electron Holography* (New York: Springer Science, 1999), 3.

75. Robert Crease, *The Prism and the Pendulum: The Ten Most Beautiful Experiments in Science* (New York: Random House, 2004), 197.

76. Allard, and Joy, eds., *Introduction to Electron Holography*, 5.

77. 同前。

78. 同前，7 页。

79. Pier Giorgio Merli, GianFranco Missiroli, and Giulio Pozzi, "On the Statistical Aspect of Electron Interference Phenomena," *American Journal of Physics* 44, no. 306 (1976): 306–7.

80. https://www.bo.imm.cnr.it/users/lulli/downintel/electroninterfea. html.

81. A. Tonomura et al. "Demonstration of Single Electron Buildup of

an Interference Pattern," *American Journal of Physics* 57, no. 117 (1989): 117–20.

82. Letter to editor, "The Double-Slit Experiment with Single Electrons," *Physics World* (May 2003): 20.

83. Alain Aspect, Philippe Grangier, and Gérard Roger, "Experimental Tests of Realistic Local Theories via Bell's Theorem," *Physical Review Letters* 47, no. 7 (Aug 17, 1981): 460–63.

84. David Albert, *Quantum Mechanics and Experience* (Cambridge, MA: Harvard University Press, 1994), 11.

85. 同前, 1 页。

86. Arthur Fine, *The Shaky Game: Einstein, Realism and the Quantum Theory* (Chicago: University of Chicago Press, 1986), 78.

87. 同前。

88. 同前, 82 页。

89. Moore, *Schrödinger*, 308.

90. Paul Dirac, *The Principles of Quantum Mechanics* (Oxford: OUP, 1958), 9.

91. Warner A. Miller and John A. Wheeler, "Delayed-Choice Experiments and Bohr's Elementary Quantum Phenomenon," S. Kamefuchi et al., eds., *Proceedings of the International Symposium on Foundations of Quantum Mechanics* (Tokyo: Physical Society of Japan 1984), 140–52.

92. 同前。

93. John Wheeler and Wojciech Zurek, eds., *Quantum Theory and Measurement* (Princeton: Princeton University Press, 1983), 183.

94. Vincent Jacques et al., "Experimental Realization of Wheeler's

Delayed-Choice Gedanken Experiment," *Science* 315, no. 5814 (Feb 16, 2007): 966–68.

95. Dennis Overbye, "Quantum Trickery: Testing Einstein's Strangest Theory," *New York Times,* December 27, 2005, http://www.nytimes.com/2005/12/27/science/quantum-trickery-testing-einsteins-strangest-theory.html.

96. Nicolas Gisin, *Quantum Chance: Nonlocality, Teleportation and Other Quantum Marvels* (Cham, Switzerland: Springer, 2014), 32.

97. Andrew Whitaker, *Einstein, Bohr and the Quantum Dilemma: From Quantum Theory to Quantum Information* (Cambridge: Cambridge University Press, 2006), 203.

98. 同前。

99. Kelly Devine Thomas, "The Advent and Fallout of EPR," *IAS: The Institute Letter* (Fall 2013): 13.

100. 同前。

101. David Mermin, Oppenheimer Lecture, University of California, Berkeley, March 17, 2008, https://youtube/ta09WXiUqcQ? t=833.

102. Albert Einstein, Boris Podolsky, and Nathan Rosen, "Can Quantum-Mechanical Description of Physical Reality Be Considered Complete?" *Physical Review* 47 (May 15, 1935): 777–80.

103. Thomas, "Advent and Fallout of EPR."

104. David Bohm, *Quantum Theory* (New York: Dover Publications, 1989), 611.

105. Podolsky, and Rosen, "Quantum-Mechanical Description."

106. Fine, *Shaky Game, 57.*

107. Elise Crull and Guido Bacciagaluppi, eds., *Grete Hermann—*

Between Physics and Philosophy (Dordrecht: Springer, 2016), 4.

108. Harald Atmanspacher and Christopher A. Fuchs, eds., *The Pauli-Jung Conjecture: And Its Impact Today* (Exeter, UK: Imprint Academic, 2014), ebook.

109. 同前。

110. Isaacson, *Einstein,* 324.

111. Crull and Bacciagaluppi, *Grete Hermann*, 184.

112. Olival Freire Jr., *The Quantum Dissidents: Rebuilding the Foundations of Quantum Mechanics (1950–1990)* (Heidelberg: Springer-Verlag, 2015), 66.

113. Charles Mann and Robert Crease, "John Bell," *Omni*, May 1988, 88.

114. Jürgen Audretsch, *Entangled Systems: New Directions in Quantum Physics* (Weinheim, Wiley-VCH, 2007), 130.

115. Brian Greene, *The Fabric of the Cosmos: Space, Time, and the Texture of Reality* (New York: Vintage Books, 2005), 199.

116. "Where Credit is Due," editorial in *Nature Physics* (Jun 1, 2010), https://www.nature.com/articles/nphys1705.

117. https://www.esi.ac.at material/Evaluation2008.pdf.

118. Alice Calaprice, Daniel Kennefick, and Robert Schulmann, *An Einstein Encyclopedia* (Princeton: Princeton University Press, 2015), 89.

119. "Physicist Designs Perfect Automotive Engine," *ScienceDaily* (Feb 27, 2003), https://www.sciencedaily.com/releases/2003/02/030227071656.htm.

120. Vimal Patel, "Cows Meet Quantum, Lifelong Learning on the Banks of the Brazos," *Texas A&M University Science News,* November

21, 2013, http://www.science.tamu.edu/news/story.php?story_ID=1141#.
WTOOvO-0k7Y.

121. Interview of Marlan Scully by Joan Bromberg, July 15 and
16, 2004, Niels Bohr Library & Archives, American Institute of Physics,
College Park, MD, www.aip.org/history-programs/niels-bohr-library/oral-
histories/32147.

122. Wheeler and Zurek, *Quantum Theory and Measurement*, 169.

123. Art Hobson, *Tales of the Quantum: Understanding Physics'
Most Fundamental Theory* (New York: Oxford University Press, 2017),
201.

124. Marlan O. Scully and Kai Drühl, "Quantum Eraser: A Proposed
Photon Correlation Experiment Concerning Observation and 'Delayed
Choice' in Quantum Mechanics," *Physical Review A* 25, no. 4 (Apr 1982):
2208–13.

125. Thomas J. Herzog et al., "Complementarity and the Quantum
Eraser," *Physical Review Letters* 75, no. 17 (Oct 23, 1995): 3034–37.

126. Yoon-Ho Kim et al., "Delayed 'Choice' Quantum Eraser,"
Physical Review Letters 84, no. 1 (Jan 3, 2000): 1–5.

127. Freire, *The Quantum Dissidents*, 20.

128. Wheeler and Zurek, *Quantum Theory and Measurement*, 185.

129. Alwyn Van der Merwe, Wojciech Hubert Zurek, and Warner
Allen Miller, eds., *Between Quantum and Cosmos: Studies and Essays in
Honor of John Archibald Wheeler* (Princeton: Princeton University Press,
2017), 10.

130. A. Cardoso, J. L. Cordovil, and J. R. Croca, "Interaction- Free
Measurements: A Complex Nonlinear Explanation," *Journal of Advanced*

Physics 4, no. 3 (Sep 2015): 267–71.

131. Avshalom Elitzur and Lev Vaidman, "Quantum Mechanical Interaction- Free Measurements," *Foundations of Physics* 23, no. 7 (Jul 1993): 987–97.

132. Roger Penrose, *Shadows of the Mind: A Search for the Missing Science of Consciousness* (Oxford: Oxford University Press, 1996), 269.

133. William Irvine, Juan Hodelin, Christoph Simon, and Dirk Bouwmeester, "Realization of Hardy's Thought Experiment with Photons," *Physical Review Letters* 95 (Jul 15, 2005): 030401–4.

134. Lucien Hardy, "Quantum Mechanics, Local Realistic Theories, and Lorentz-Invariant Realistic Theories," *Physical Review Letters* 68, no. 20 (May 18, 1992): 2981–4.

135. David Mermin, "Quantum Mysteries Refined," *American Journal of Physics* 62, no. 10 (Oct 1994): 880–7.

136. 同前。

137. David Albert, *Quantum Mechanics and Experience*, 134.

138. Robert Sanders, "Conference, Exhibits Probe Science and Personality of J. Robert Oppenheimer, Father of the Atomic Bomb," *UC Berkeley News*, April 13, 2004, https://www.berkeley.edu/news/media/releases/2004/04/13_oppen.shtml.

139. Freire, *The Quantum Dissidents*, 26.

140. 同前。

141. 同前。

142. 同前，28 页。

143. Bohm, *Quantum Theory*, 115.

144. Karl Popper, *Quantum Theory and the Schism in Physics: From*

the Postscript to the Logic of Scientific Discovery (New York: Routledge, 2013), 36.

145. Bohm, *Quantum Theory*, 115.

146. 同前，623 页。

147. 同前。

148. Freire, *The Quantum Dissidents*, 31.

149. 同前。

150. David Bohm, "A Suggested Interpretation of the Quantum Theory in Terms of 'Hidden' Variables," *Physical Review* 85, no. 2 (Jan 15, 1952): 166–79.

151. Freire, *The Quantum Dissidents*, 32.

152. Yves Couder and Emmanuel Fort, "Single-Particle Diffraction and Interference at a Macroscopic Scale," *Physical Review Letters* 97 (Oct 13, 2006): 154101–4.

153. Giuseppe Pucci, Daniel Harris, Luiz Faria, and John Bush, "Walking Droplets Interacting with Single and Double Slits," *Journal of Fluid Mechanics* 835 (Jan 25, 2018): 1136–56.

154. Chris Philippidis, Chris Dewdney, and Basil Hiley, "Quantum Interference and the Quantum Potential," *Il Nuovo Cimento B* 52, no. 1 (Jul 1979): 15–28.

155. Yakir Aharonov, David Albert, and Lev Vaidman, "How the Result of a Measurement of a Component of the Spin of a Spin1/2 Particle Can Turn Out to Be 100," *Physical Review Letters* 60 (Apr 4, 1988): 1351–54.

156. Howard Wiseman, "Grounding Bohmian Mechanics in Weak Values and Bayesianism," *New Journal of Physics* 9 (Jun 2007): 165.

157. Hamish Johnston, "Physics World Reveals Its Top 10 Breakthroughs for 2011," *Physics World* (Dec 16, 2011), http://physicsworld.com/cws/article/news/2011/dec/16/physics-world-reveals-its-top-10-breakthroughs-for-2011.

158. Berthold-Georg Englert, Marlan Scully, Georg Süssmann, and Herbert Walther, "Surrealistic Bohm Trajectories," *Zeitschrift für Naturforschung A* 47, no. 12 (1992), 1175–86.

159. Dylan Mahler et al., "Experimental Nonlocal and Surreal Bohmian Trajectories," *Science Advances* 2, no. 2 (Feb 19, 2016): e1501466.

160. Louis Sass, *Madness and Modernism: Insanity in the Light of Modern Art, Literature, and Thought* (Cambridge, MA: Harvard University Press, 1994), 31.

161. Carlo Rovelli, *Reality Is Not What It Seems: The Journey to Quantum Gravity* (New York: Riverhead Books, 2017), 148.

162. Roger Penrose, *Fashion, Faith, and Fantasy in the New Physics of the Universe* (Princeton: Princeton University Press, 2016), 162.

163. John Bell, "Against 'Measurement,' " *Physics World* 3, no. 8 (Aug 1990): 33.

164. Lajos Diósi, "A Universal Master Equation for the Gravitational Violation of Quantum Mechanics," *Physics Letters A* 120, no. 8 (Mar 16, 1987): 377–81.

165. Giancarlo Ghirardi, Alberto Rimini, and Tullio Weber, "Unified Dynamics for Microscopic and Macroscopic Systems," *Physical Review D* 34, no. 2 (Jul 15, 1986): 470–91.

166. John Bell, *Speakable and Unspeakable in Quantum Mechanics*

(Cambridge: Cambridge University Press, 1989), 204.

167. John Bell quoted in Giancarlo Ghirardi, *Sneaking a Look at God's Cards: Unraveling the Mysteries of Quantum Mechanics* (Princeton: Princeton University Press, 2005), 415.

168. 同前。

169. O. Carnal and J. Mlynek, "Young's Double-Slit Experiment with Atoms: A Simple Atom Interferometer," *Physical Review Letters* 66, no. 21 (May 27, 1991): 2689.

170. Philip Moskowitz, Phillip Gould, Susan Atlas, and David Pritchard, "Diffraction of an Atomic Beam by Standing-Wave Radiation," *Physical Review Letters* 51, no. 5 (Aug 1, 1983): 370.

171. Fujio Shimizu, Kazuko Shimizu, and Hiroshi Takuma, "Double-Slit Interference with Ultracold Metastable Neon Atoms," *Physical Review A* 46, no. 1 (Jul 1, 1992): R17.

172. Markus Arndt et al., "Wave-Particle Duality of C60 Molecules," *Nature* 401 (Oct 14, 1999): 680–82.

173. Sandra Eibenberger et al., "Matter-Wave Interference of Particles Selected from a Molecular Library with Masses Exceeding 10,000 amu," *Physical Chemistry Chemical Physics* 15 (Jul 8, 2013): 14696-700.

174. https://www.zarm.uni-bremen.de/en/drop-tower/general-information.html.

175. Roger Penrose, "Wavefunction Collapse as a Real Gravitational Effect," in *Mathematical Physics 2000*, ed. A. Fokas, A. Grigoryan, T. Kibble, and B. Zegarlinski (London: Imperial College Press, 2000), 266–82.

176. https://youtube/mvHg5PcXb6k?t=45.

177. William Marshall, Christoph Simon, Roger Penrose, and Dirk Bouwmeester, "Towards Quantum Superpositions of a Mirror," *Physical Review Letters* 91, no. 13 (Sep 23, 2003): 130401.

178. Simon Saunders, Jonathan Barrett, Adrian Kent, and David Wallace, eds., *Many Worlds?: Everett, Quantum Theory, and Reality* (Oxford: Oxford University Press, 2010), 582.

179. Dirk Bouwmeester speaking at the Institute for Quantum Computing in Waterloo, Ontario, Canada, May 2013, https://youtube/g7RqLbqDr4U?t=387.

180. William James, *The Will to Believe: And Other Essays in Popular Philosophy* (New York: Longmans Green and Co, 1907), 151.

181. 休·埃弗里特与查尔斯·米斯纳的对话记录，请参见Hugh Everett III, *The Everett Interpretation of Quantum Mechanics: Collected Works 1955–1980 with Commentary*, ed. Jeffrey A. Barrett and Peter Byrne (Princeton: Princeton University Press, 2012), 309。

182. Everett, *The Everett Interpretation*, 65.

183. 同前，67 页。

184. 同前，69 页。

185. 同前。

186. 同前，69—70 页。

187. 同前，71 页。

188. 同前，153 页。

189. 同前。

190. 同前，214 页。

191. 同前，215 页。

192. 同前，217 页。

193. 同前，219 页。

194. 同前。

195. 同前，212 页。

196. Interview of Bryce DeWitt and Cecile DeWitt-Morette by Kenneth W. Ford, February 28, 1995, Niels Bohr Library & Archives, American Institute of Physics, Oral Histories, https://www.aip.org/history-programs/niels-bohr-library/oral-histories/23199.

197. Everett, *The Everett Interpretation*, 246.

198. 同前，255 页。

199. 同前。

200. 同前，254 页。

201. 会议记录见 Everett, *The Everett Interpretation*, 270。

202. Everett, *The Everett Interpretation*, 273.

203. 同前。

204. 同前，274 页。

205. 同前，275 页。

206. 同前，276 页。

207. Bryce DeWitt, "Quantum Mechanics and Reality," *Physics Today* 23, no. 9 (Sep 1970): 30.

208. 同前。

209. https://itunes.apple.com/us/app/universe-splitter/id329233299.

210. David Wallace, "The Emergent Multiverse: The Plurality of Worlds—Quantum Mechanics," February 21, 2015, https://youtube/2OoRdyn2M9A?t=183.

211. Everett, *The Everett Interpretation*, 278.

212. Paul Davies and Julian Brown, eds., *The Ghost in the Atom* (Cambridge: Cambridge University Press, 1993), 84.

213. Frank Wilczek, "Remarks on Energy in the Many Worlds," Center for Theoretical Physics, MIT, Cambridge, Massachusetts, July 24, 2013, http://frankwilczek.com/2013/multiverseEnergy01.pdf.

214. Charles Sebens and Sean Carroll, "Self-Locating Uncertainty and the Origin of Probability in Everettian Quantum Mechanics," *British Journal for the Philosophy of Science* 69, no. 1 (Mar 1, 2018): 25–74.

215. Christopher A. Fuchs, "On Participatory Realism," June 28, 2016, https://arxiv.org/abs/1601.04360.

216. 上一引文中提到惠勒说的话。

217. Carlton Caves, Christopher Fuchs, and Rüdiger Schack, "Quantum Probabilities as Bayesian Probabilities," *Physical Review A* 65, no. 2 (Jan 4, 2002): 022305.

218. Matthew Leifer, "Is the Quantum State Real? An Extended Review of ψ-ontology Theorems," *Quanta* 3, no. 1 (Nov 2014): 72.

219. 同前。

220. David Wallace, *The Emergent Multiverse: Quantum Theory according to the Everett Interpretation* (Oxford: Oxford University Press, 2012), 310.

221. 同前。

222. Christopher Fuchs, David Mermin, and Rüdiger Schack, "An Introduction to QBism with an Application to the Locality of Quantum Mechanics," November 20, 2013, https://arxiv.org/pdf/1311.5253.pdf.

223. David Mermin, "Why QBism Is Not the Copenhagen Interpretation and What John Bell Might Have Thought of It," September

8, 2014, https://arxiv.org/pdf/1409.2454.pdf.

224. Christopher Fuchs, *Coming of Age with Quantum Information: Notes on a Paulian Idea* (Cambridge: Cambridge University Press, 2011), Kindle edition.

225. 同前。

226. 同前。

227. 同前。

228. 同前。

229. David Kaiser, *How the Hippies Saved Physics: Science, Counterculture, and the Quantum Revival* (New York: Norton, 2011), 189.

230. Richard Feynman Messenger Lectures on the Character of Physical Law, Lecture 7, "Seeking New Laws," November 1964, http://www.cornell.edu/video/richard-feynman-messenger-lecture-7-seeking-new-laws.

231. 同前。

232. 同前。

233. Jay Gambetta and Howard Wiseman, "Interpretation of Non-Markovian Stochastic Schrödinger Equations as a Hidden Variable Theory," *Physical Review A* 68 (Dec 9, 2003): 062104.

234. Michael Hall, Dirk-André Deckert, and Howard Wiseman, "Quantum Phenomena Modeled by Interactions between Many Classical Worlds," *Physical Review X* 4 (Oct 23, 2014): 041013.

235. W. H. Zurek, quoted in Urbasi Sinha et al., "A Triple Slit Test for Quantum Mechanics," *Physics in Canada* 66, no. 2 (Apr/ Jun 2010): 83.

236. G. Rengaraj et al., "Measuring the Deviation from the

Superposition Principle in Interference Experiments," November 20, 2017, https://arxiv.org/abs/1610.09143.

237. Rahul Sawant et al., "Nonclassical Paths in Quantum Interference Experiments," *Physical Review Letters* 113, no. 12 (Sep 19, 2014): 120406.

238. Feynman Messenger Lectures, Lecture 6, "Probability and Uncertainty: The Quantum Mechanical View of Nature," http://www.cornell.edu/video/richard-feynman-messenger-lecture-6-probability-uncertainty-quantum-mechanical-view-nature.

　　我还记得我在 20 世纪 80 年代第一次读到加里·祖卡夫（Gary Zukav）的《与物理共舞》①（*Dancing Wu Li Masters*）时激动的心情，量子物理学的奥秘被生动地展现在我的面前。双缝实验当然在这本书中占有一席之地，不过它也介绍了很多其他的内容。之后，身为一名记者，我也开始跟进和撰写量子力学的报道，见证了这个著名实验的每一个转折。一个想法渐渐成形：我想从双缝实验的角度讲述一个关于量子物理学的故事。但多年来，这个想法一直被束之高阁。

　　感谢我的编辑斯蒂芬·莫罗，感谢他看到了成书的可能性，让我重新考虑写书的计划，并从头到尾参与了出版的全过程。我还要感谢企鹅兰登出版社的马德琳·纽奎斯特等工作人员以及我的经纪人彼得·塔拉克，感谢他们让这本书的出版成为现实。

　　这样一本科普书少不了插画家的参与。感谢我的朋友阿贾伊·纳伦德兰向我介绍了罗尚·沙基尔。罗尚将我歪歪扭扭的草图变

① 按照该书作者的说法，Wu li 取自中文的拼音，可以代表汉语里的"物理""无理""悟理""吾理"等，他认为这很好地概括了量子力学的各种特征。——译者注

成了清晰漂亮的图片，让它们与文字相得益彰。我很感激罗尚的坚持与付出，以及阿贾伊对罗尚和我的支持与鼓励。

我还要感谢罗布·桑德兰、利斯·拉斯马森、费利西蒂·波尔斯，以及丹麦哥本哈根尼尔斯·玻尔档案馆的其他员工，感谢他们帮助我获取历史文件。

我的写作离不开物理学家对量子力学的耐心讲解。他们或是与我见面，或是通过电话和邮件为我解答了很多让量子物理学显得如此令人困惑又如此令人着迷的概念问题。许多人还阅读了本书的部分稿件，挑出了其中的错误并提出了修改的意见。我要感谢下面这些人（按章节顺序）：卢西恩·哈迪，阿兰·阿斯佩，菲利普·格朗吉耶，戴维·阿尔伯特，蒂姆·莫德林，安东·蔡林格，马兰·斯库利，鲁珀特·乌尔辛，马小松，列夫·韦德曼，谢尔登·戈尔茨坦，约翰·布什，托马斯·玻尔，克里斯·杜德尼，巴兹尔·希利，埃弗莱姆·斯坦伯格（感谢他多年来不断与我讨论和会面），罗德里希·图穆尔卡，罗杰·彭罗斯，马库斯·阿恩特，德克·鲍梅斯特，肖恩·卡罗尔，戴维·华莱士，霍华德·怀斯曼，克里斯托弗·富克斯，戴维·默明，戴维·凯泽，伦纳德·萨斯坎德，乌尔巴希·辛哈，约翰·西佩，以及尼尔·亚伯拉罕。

我尤其感谢约翰·布什，他审校了几乎所有章节。他的热情很有感染力。我还要特别感谢安托万·蒂卢瓦，他读完了整本书并做出了评价。感谢我的朋友斯里拉姆·斯里尼瓦桑和瓦伦·巴塔提出的意见。我最应当感激的是亚当·贝克尔，他的支持贯穿了本书写作的整个过程，他还在终稿敲定前发现了一些错误，我已经数不清我们有多少次边在伯克利喝咖啡和吃午餐边进行热火朝天的讨论了。

如果书中还有任何遗漏的错误，那责任肯定在我。

感谢巴努和拉梅什，当我去拜访美国东海岸的量子物理学家时，是他们在阿灵顿和阿默斯特为我提供了数个月的住宿；感谢卡罗琳·西迪在巴黎为我提供住宿；感谢吉塔·苏恰克让我在伦敦感觉宾至如归；还有拉奥·阿凯拉，感谢他帮我寻找每一章开头的引文。最后，我要感谢印度国内的亲人对我的支持，尤其是我的父母。

　　阿尼尔·阿南塔斯瓦米是一名记者、科学作家，他曾是伦敦《新科学家》杂志的特约撰稿人与新闻副编辑。阿南塔斯瓦米长期担任加州大学圣克鲁斯分校科学写作项目的客座编辑，而且每年都在印度班加罗尔的国家生物科学研究中心组织科学新闻研讨会并负责教学。他是《美国国家科学院院刊》旗下栏目"前沿物质"的自由专栏编辑。他定期为《新科学家》供稿，有时也会向《自然》、《国家地理新闻》、《发现》、《鹦鹉螺》、《物质》、《华尔街日报》以及英国的《文学评论》投稿。他出版的第一本书《湿婆之舞》被《物理世界》评选为 2010 年的年度图书，而他的第二本书《不存在的人》不仅获得了 2015 年的《鹦鹉螺》图书奖，还入围了 2016 年由美国笔协设立的 E. O. 威尔逊科学写作奖的评选。

　　就在本书的翻译即将完成的时候，我和一个朋友相约出去骑行。原本是两天一夜的行程，可因计划不周加上没有量力而行，朋友在一处下坡跌倒，摔断了锁骨。当晚，我们在一个偏僻小镇的医院急诊室里为如何返回最近的市区发愁。9点的街道已经一片死寂，空无一人，打车软件显示方圆几十千米内没有可用车辆。

　　生活中的意外如同落入池塘的石子，扑通一声过后，看似一切恢复平静，但池塘里马上就泛起一圈一圈细细的涟漪，带着石子撞击水面的能量，从此处奔向所有的他处，从此刻奔向所有的未来。

　　这就是我在完成这本书的翻译后，对于这件最近经常忍不住想起的事产生的新观感。感谢鹦鹉螺的韩琨老师愿意把这本关于量子力学的书交给我。尽管原书是一部非常易读的科普作品，可做到翻译术语准确、措辞恰当的难度并不会因此打折扣。我在翻译的过程中有意识地注意了这方面的问题，但疏漏错误终究在所难免，望请海涵。

　　在翻译的过程，我不知道经历了多少次遣词造句的选择取舍，如果大脑和思维也是量子化的——有的物理学家真的这样认为——那么为了翻译这本书，我大概创造了难以计数的平行世界。

只希望在所有世界的所有译本中，你看到的这一本是相对不差的那一本。

祝锦杰

2023 年 10 月 16 日，于杭州